普通高等教育通识课系列教材

U0159715

Python 程序设计基础

主　编　廖一星　翁文庆

参　编　杨　洁　曲著伟　刘铁桥　应芳琴

　　　　卢永江　郭健康　开金羊　宿宁康

西安电子科技大学出版社

内 容 简 介

本书以 Python3.9 为编程环境，介绍了 Python 语言程序设计的相关内容。全书分为两篇，共 12 章。基础篇(第 1～10 章)主要内容为 Python 语言概述、Python 基本语法、基本数据类型、程序控制结构、组合数据类型、函数及代码复用、文件和数据格式化、面向对象程序设计(OOP)、数据库基础、图形界面设计。提高篇(第 11、12 章)主要内容为数据处理、文本处理及综合案例。

基础篇以学生成绩处理案例贯穿前后，利用不同章节的知识实现同一功能，有利于读者开阔思路并作前后对比。

本书以浙江省高校计算机二级 Python 考试大纲为依据进行编写，涵盖了全国计算机等级考试二级 Python 语言程序设计考试大纲。全书内容丰富、深入浅出，并融入了思政元素，还配有教学课件、源代码(由出版社网站提供)及课后习题。

本书既可以作为大专院校相关专业 Python 课程的教材，也可以作为 Python 语言学习者的参考用书。

图书在版编目(CIP)数据

Python 程序设计基础 / 廖一星，翁文庆主编. —西安：西安电子科技大学出版社，2022.3
(2025.1 重印)
ISBN 978–7–5606–6375–3

Ⅰ. ①P…　Ⅱ. ①廖…　②翁…　Ⅲ. ①软件工具—程序设计　Ⅳ. ①TP311.561

中国版本图书馆 CIP 数据核字(2022)第 014781 号

策　　划　陈　婷
责任编辑　陈　婷
出版发行　西安电子科技大学出版社(西安市太白南路 2 号)
电　　话　(029)88202421　88201467　　　　邮　　编　710071
网　　址　www.xduph.com　　　　　　　　电子邮箱　xdupfxb001@163.com
经　　销　新华书店
印刷单位　咸阳华盛印务有限责任公司
版　　次　2022 年 3 月第 1 版　　2025 年 1 月第 4 次印刷
开　　本　787 毫米×1092 毫米　1/16　印张 18
字　　数　426 千字
定　　价　45.00 元
ISBN　978–7–5606–6375–3
XDUP　6677001–4
如有印装问题可调换

前　　言

Python 是一种解释型、面向对象的高级程序设计语言。Python 具有简单、易学、免费、开源、可移植、可扩展、可嵌入、面向对象等优点，还有强大的类库支持，在科学计算、数据分析、网络爬虫、人工智能、机器学习、大数据等方面的应用非常广泛。目前，国内外不少大型企业都在应用 Python 完成各种各样的任务，许多高校也纷纷开设 Python 程序设计课程，Python 语言已经成为最受欢迎的程序设计语言之一。

本书以 Python3.9 为编程环境，逐步介绍了 Python 语言程序设计的相关内容。全书分为基础篇和提高篇，共 12 章。基础篇(第 1～10 章)主要内容为 Python 语言概述、Python 基本语法、基本数据类型、程序控制结构、组合数据类型、函数及代码复用、文件和数据格式化、面向对象程序设计(OOP)、数据库基础、图形界面设计。提高篇(第 11、12 章)主要内容为数据处理、文本处理及综合案例。

本书具有如下特点：

(1) 以浙江省高校计算机二级 Python 考试大纲为依据进行编写，涵盖了全国计算机等级考试二级 Python 语言程序设计考试大纲的知识范围。

(2) 基础篇以学生成绩处理案例贯穿前后，利用不同章节的知识实现同一功能，有利于读者开阔思路并作前后对比。

(3) 体现党的二十大精神，融入思政元素。党的二十大报告强调"人才是第一资源"，人才培养靠教育，本书尝试将程序设计与课程思政相结合，充分挖掘蕴含在专业知识中的德育元素，实现课程与德育的有机融合，将德育渗透、贯穿教育和教学的全过程，帮助学生塑造正确的人生观和价值观，培养符合新时代需求的高素质人才。

(4) 配套资源丰富，包括教学课件、程序源代码及课后实验，并配有线上资源，如视频、讨论、课后习题、在线测试等。线上资源地址：学堂在线(www.xuetangx.com)。

本书由浙江财经大学东方学院的骨干教师廖一星、翁文庆、杨洁、曲著伟、刘铁桥、应芳琴、卢永江和达内学院的工程师郭健康、开金羊、宿宁康合作编写，他们都具有丰富的教学实践经验。廖一星和翁文庆负责全书的统稿工作。书中，第1章和第9章由杨洁编写，第2章和第11章由曲著伟编写，第3章由刘铁桥编写，第4章由翁文庆编写，第5章由应芳琴编写，第6章由卢永江编写，第7章由廖一星编写，第8章由翁文庆和开金羊合作编写，第10章由廖一星和郭健康合作编写，第12章由刘铁桥和宿宁康合作编写。

由于编者水平有限，书中难免有欠妥之处，敬请广大读者批评指正。

编 者
2021 年 12 月
2023 年 3 月修订

目　　录

基　础　篇

1

提 高 篇

基 础 篇

第 1 章　Python 语言概述

1.1　程序设计语言

程序设计语言是用于书写计算机程序的语言，是人与计算机之间传递信息的媒介。程序设计语言包括语法和语义。语法表示构成语言的各个符号之间的组合规律。语义表示程序的含义。

从发展历程来看，程序设计语言可以分为四代。

第一代：机器语言。

机器语言是由二进制 0、1 代码指令构成的，是计算机硬件可以直接识别和执行的程序设计语言。不同的 CPU 具有不同的指令系统。机器语言程序难学难写，编程效率极低。

第二代：汇编语言。

汇编语言是机器语言的符号化，与机器语言基本是一一对应的关系，同样存在难学难用、容易出错、维护困难等问题。汇编程序翻译成机器语言程序的效率高，在计算机发展早期能帮助程序员提高编程效率。

机器语言和汇编语言统称为低级语言。

第三代：高级语言。

高级语言是接近自然语言的一种计算机程序设计语言，面向用户，基本独立于计算机硬件。高级语言易学易用，通用性强，应用广泛。高级语言并不是特指的某一种具体的语言，而是包括很多编程语言，如流行的 Java、C、C++、C#、Pascal、Python、Lisp、Prolog、FoxPro、中文版的 C 语言等，这些语言的语法、命令格式都不相同。

第四代：非过程化语言。

第四代语言是非过程化语言，编码时需要说明"做什么"，不需要描述算法细节。例如，数据库查询语言(Structured Query Language，SQL)就是一种非过程化语言，用户可以通过该语言对数据库中的信息进行复杂的操作。

1.2　Python 语言简介

1.2.1　Python 语言的发展

Python 语言诞生于 1990 年，由吉多·范罗苏姆(Gudio van Rossum)设计并领导开发。

1989 年 12 月，Gudio 考虑启动一个开发项目以打发圣诞节前后的时间，决定为当时正在构思的一个新的脚本语言写一个解释器。次年他创造了 Python 语言。虽然 Python 的原意是大蟒蛇，但实际上该语言以"Python"命名源于 Gudio 对当时一部英剧 "Monty Pythons's Flying Circus" 的兴趣。

Python 语言是一种面向对象的解释型计算机程序设计语言，从 ABC 语言发展而来，并结合了 UNIX Shell 和 C 语言的习惯。

Python 语言推出后很快就成为最受欢迎的程序设计语言之一。2019 年 1 月，它被 TIOBE 编程语言排行榜评为 2018 年度语言。不过，Python 的性能依然值得改进，它的运算性能仍低于 C++ 和 Java。可以说，Python 依然是一个发展中的语言，它还有着更加值得期待的未来。

1.2.2　Python 语言的特点

Python 语言具有以下特点：

(1) 易于学习：Python 的关键字相对较少，结构简单，学习起来比较轻松。

(2) 易于阅读：Python 代码的定义十分清晰。

(3) 易于维护：Python 源代码的维护相当容易。

(4) 拥有广泛的标准库：Python 具有丰富的库，并且是跨平台的，可以与 UNIX、Windows 和 Mac OS X 很好地兼容。

(5) 互动模式：用户可以从终端输入执行代码并获得结果，互动地测试和调试代码片段。

(6) 可移植：Python 的源代码是开放的，可以移植到许多平台上。

(7) 可扩展：对于运行很快的关键代码或者不愿开放的算法，可以通过 C 或 C++ 完成，并通过 Python 程序进行调用。

(8) 数据库：Python 提供了所有主要的商业数据库的接口。

(9) GUI 编程：Python 支持 GUI 编程，可以移植到多个系统中。

(10) 可嵌入：可以将 Python 嵌入到 C 或 C++ 程序，让用户获得"脚本化"的能力。

目前人工智能越来越火，Python 凭借它的扩展性强、第三方库丰富和免费开源等特点，在机器学习、数据挖掘、人工智能等领域有着很大优势，其前景非常值得期待。

扩展：

"科学无国界"有多层含义，它的本意是科学发现无国界地归全人类共享。Python 语言的一大特点是具有丰富的库文件。Python 解释器提供了几百个内置类和函数库。更重要的是，世界各地的程序员通过开源社区贡献了十几万个第三方函数库，几乎覆盖了计算机技术的各个领域。正是因为无数默默无闻的程序员的贡献，所以程序员在编写 Python 程序时可以大量利用已有的内置或第三方库，使得 Python 具备了良好的编程生态。从这个角度上讲，科学应该面向全世界，科学应该无国界。探究未知世界是人类的共同任务，科学研究中少不了交流、合作。这也是科学无国界的一个体现。

1.2.3 Python 语言的版本更迭

Python 目前存在 Python2.x 与 Python3.x 两个版本。Python3.0 版本常被称为 Python 3000，简称 Py3k，相对于 Python 的早期版本，这是一个较大的升级。Python3.0 在设计时没有考虑向下兼容，许多针对早期 Python 版本设计的程序都无法在 Python3.0 上正常执行。Python2.6 作为一个过渡版本，基本使用了 Python2.x 的语法和库，同时考虑了向 Python3.0 的迁移，允许使用部分 Python3.0 的语法与函数。由于 Python3.x 版本功能设计更合理，所以目前主流应用都采用 Python3.x 系列。

1.3　Python 开发环境

Python3.x 可安装在多个平台上，包括 Windows、Linux、Mac OS X 等。本书使用 Windows 平台。Python 有许多集成开发环境，常用的有：

(1) IDLE：Python 内置 IDE(随 Python 安装包提供)。

(2) VSCode：也称 VS Code、VSC，是一款免费开源的现代化轻量级代码编辑器，支持大部分主流的开发语言，针对网页开发和云端应用开发做了优化。

(3) PyCharm：由著名的 JetBrains 公司开发，带有一整套可以帮助用户在使用 Python 语言开发时提高其效率的工具，比如调试、语法高亮、Project 管理、代码跳转、智能提示、自动完成、单元测试、版本控制。

(4) Spyder：安装 Anaconda 自带的高级 IDE，与 MATLAB 开发环境类似。

(5) Jupyter：安装 Anaconda 自带的高级 IDE，为数据科学家首选的开发环境。

(6) Python Tutor：在线开发环境，可以使 Python 程序运行过程可视化。

1.3.1 Python IDLE 开发环境安装

IDLE 是 Python 软件包自带的一个集成开发环境，利用它可以方便地创建、运行、测试和调试 Python 程序。IDLE 是小规模 Python 软件项目的主要编写工具。

1. Windows 操作系统下安装

打开浏览器，前往 Python 官网的下载页面(https://www.python.org/downloads)，如图 1-1 所示。

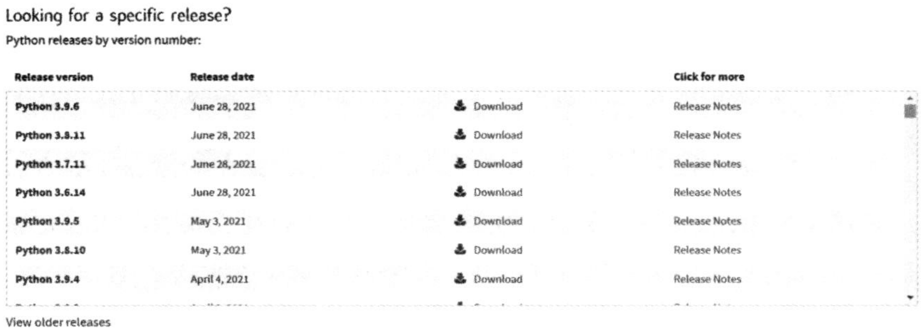

图 1-1　Python 的各种版本

点击准备安装的 Python 语言版本，建议安装 Python3.6 及以上版本，如图 1-2 所示。

Files

Version	Operating System	Description	MD5 Sum	File Size	GPG
Gzipped source tarball	Source release		798b9d3e886e1906f6e32203c4c560fa	25640094	SIG
XZ compressed source tarball	Source release		ecc29a7688f86e550d29dba2ee66cf80	19051972	SIG
macOS 64-bit Intel installer	macOS	for macOS 10.9 and later	d714923985e0303b9e9b037e5f7af815	29950653	SIG
macOS 64-bit universal2 installer	macOS	for macOS 10.9 and later, including macOS 11 Big Sur on Apple Silicon (experimental)	93a29856f5863d1b9c1a45c8823e034d	38033506	SIG
Windows embeddable package (32-bit)	Windows		5b9693f74979e86a9d463cf73bf0c2ab	7599619	SIG
Windows embeddable package (64-bit)	Windows		89980d3e54160c10554b01f2b9f0a03b	8448277	SIG
Windows help file	Windows		91482c82390caa62accfdacbcaabf618	6501645	SIG
Windows installer (32-bit)	Windows		90987973d91d4e2cddb86c4e0a54ba7e	24931328	SIG
Windows installer (64-bit)	Windows	Recommended	ac25cf79f710bf31601ed067ccd07deb	26037888	SIG

图 1-2　不同操作系统的 Python 安装文件

如操作系统是 64 位 Windows，可下载 Windows installer(64-bit)。

如操作系统是 32 位 Windows，可下载 Windows installer(32-bit)。

如果下载 64 位的"Python3.9.6"，就会出现"Python3.9.6-amd64.exe"文件，执行该文件，将出现如图 1-3 所示的界面。

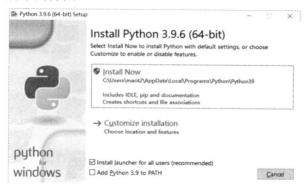

图 1-3　Python3.9.6 的安装界面

选择"Add Python 3.9 to PATH"选项可以确保 PATH 路径中包含 Python.exe 的路径。再选择"Install Now"就可以安装了，安装成功界面如图 1-4 所示。

图 1-4　Python3.9.6 安装成功界面

2. Mac OS 和 Linux/UNIX 操作系统下安装

1) Mac OS 操作系统

登录网站 https：//www.python.org/downloads/mac-osx，从"Python Releases for macOS"中进行选择。

如果选择"macOS 64-bit Intel installer"，则在 Mac 中下载的是.dmg 文件。下载完成后双击它，桌面上会弹出一个包含 4 个图标的窗口。右键单击"Python.mpkg"，在弹出的对话框中点击"打开"，连续点击"继续"按钮，跳过一些法律声明，在最后的对话框出现后点击"安装"。

2) Linux/UNIX 操作系统

登录网站 https：//www.python.org/downloads/source，从"Python Source Releases"中选择下载 Python 源代码的压缩文件 XZ compressed source tarball 和 Gzipped source tarball 中的任意一个。

使用 tar xj 或 tar xz 命令解压，然后运行解压得到的 Shell 脚本即可。

1.3.2　IDLE 环境运行 Python 程序

在 IDLE 环境下运行 Python 程序有两种方式：交互式和文件式。交互式运行指 Python 解释器及时响应用户的每条代码，给出输出结果；文件式运行指用户将 Python 代码写在一个或多个文件中，然后运行文件。

1. 交互式

交互式解释器的提示符是">>>"。当看到提示符">>>"时，说明解释器处于等待输入的状态，输入表达式后按回车键，就能看到结果。

实现交互式运行有以下两种常用方式：

(1) 启动 Windows 操作系统命令行工具(搜索"cmd"，打开"命令提示符")，在"命令提示符"窗口输入"python"，按回车，出现提示符">>>"，此时可以直接在">>>"后输入命令，如图 1-5 所示。输入打印语句 print("Hello，World!")，命令提示符窗口将直接显示打印结果 Hello World!。

```
C:\Users\maot2>python
Python 3.9.6 (tags/v3.9.6:db3ff76, Jun 28 2021, 15:26:21) [MSC v.1929 64 bit (AMD64)] on win32
Type "help", "copyright", "credits" or "license" for more information.
>>> print("Hello World!")
Hello World!
```

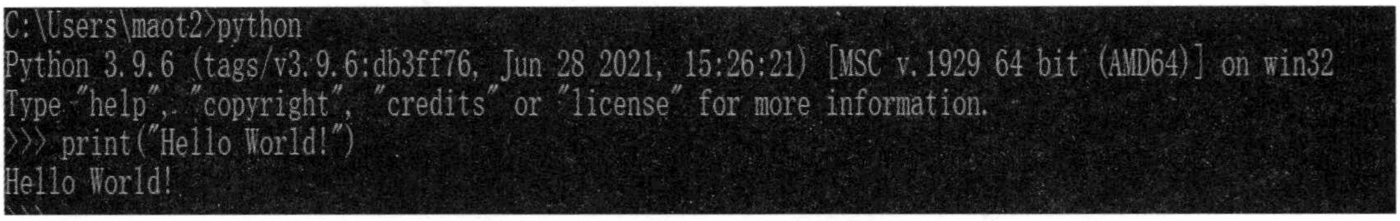

图 1-5　在"命令提示符"窗口启动 Python

在">>>"提示符后输入 exit()或 quit()，则退出 Python 交互运行环境。

(2) 调用安装的 IDLE，启动 Python 运行环境(搜索"IDLE"，找到 IDLE 快捷方式并打开)，如图 1-6 所示，输入打印语句 print("Hello，World!")，IDLE 窗口将直接显示打印结果 Hello World!。

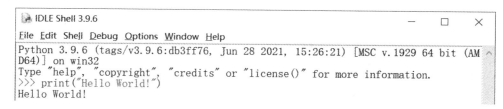

图 1-6 调用 IDLE，启动 Python

【例 1-1】 调用 IDLE 交互式实现矩形面积的计算。

根据矩形的长和宽计算矩形面积。交互执行过程如图 1-7 所示。

```
>>> a=15  #矩形的长为15
>>> b=10  #矩形的宽为10
>>> s=a*b #通过长和宽计算矩形面积
>>> print(s) #打印矩形面积
150
>>> print("矩形的长为{},宽为{},面积为{}".format(a,b,s))#打印完整信息
矩形的长为15,宽为10,面积为150
```

图 1-7 交互执行过程

我们看到，交互式窗口输入的第 1 句、第 2 句、第 3 句都是赋值语句，将矩形的长、宽分别赋予变量 a 和变量 b，并将计算结果赋予变量 s；第 4 句是打印语句，运行后 Python 解释器直接打印输出矩形面积；第 5 句运行后 Python 解释器直接打印输出包括矩形长、宽、面积的完整信息。

2. 文件式

实现文件式运行有以下两种常用方式：

(1) 通过命令提示符窗口运行 Python 代码文件(文件扩展名为 .py)。打开"命令提示符"窗口，进入 py 文件所在目录，如图 1-8 所示，文件"hello.py"在 C:\users\maot2 下，输入"python hello.py"，按回车键，得到输出结果：

Hello World！

图 1-8 "命令提示符"窗口运行 Python 程序

(2) 通过 IDLE 创建 py 文件并运行，这是最常用且最重要的程序运行方法。本教材所有程序都通过 IDLE 编写并运行。打开 IDLE，选择菜单"File"→"New File"(或按快捷键 Ctrl+N)，在打开的窗口进行代码的输入和编辑，如图 1-9 所示。保存该文件为 hello.py 文件，选择菜单"Run"→"Run Module"(或按快捷键 F5)，运行该文件。

```
021-2-python/Py程序/hello.py (3.9.6)*
File Edit Format Run Options Window Help
1 print("Hello World!")
2
3
```

图 1-9 通过 IDLE 编写并运行 Python 程序

对于较复杂的程序，在编辑器输入代码时，#及后面的文字是注释，用来帮助读者理解程序，不影响程序执行。

【例 1-2】 采用 IDLE 文件式运行完成矩形面积的计算

根据矩形的长和宽，计算矩形面积。文件内容如图 1-10 所示。

```
File  Edit  Format  Run  Options  Window  Help
a=15    #矩形的长为15
b=10    #矩形的宽为10
s=a*b  #通过长和宽计算矩形面积
print(s)  #打印矩形面积
print("矩形的长为{},宽为{},面积为{}".format(a,b,s))#打印完整信息
```

图 1-10　文件内容

将该文件保存并取文件名为 1.2.py，运行文件后的结果如图 1-11 所示。

```
========================= RESTART: D:/python 教材编写/1.2.py =====
====
150
矩形的长为15,宽为10,面积为150
```

图 1-11　运行结果

我们再来看两个 IDLE 交互式和文件式运行的对比案例。

【例 1-3】 采用 IDLE 交互式运行实现简单的对话。交互过程如图 1-12 所示。

```
>>> name=input("输入姓名：")
输入姓名：马冬梅
>>> college=input("输入所在学院")
输入所在学院:信息学院
>>> print("{}的{}同学，人生苦短，学好Python!".format(college,name))
:信息学院的马冬梅同学，人生苦短，学好Python!
>>>
```

图 1-12　交互过程

【例 1-4】 采用 IDLE 文件式运行完成简单对话。文件内容如图 1-13 所示。

```
*untitled*                                                    —    □    ×
File  Edit  Format  Run  Options  Window  Help
name=input("输入姓名：")
college=input("输入所在学院：")
print("{}的{}同学，人生苦短，学好Python!".format(college,name))
```

图 1-13　文件内容

将该文件保存并取文件名为 1.4.py，运行文件后的结果如图 1-14 所示。

```
===================== RESTART: D:/python 教材编写/1.4.py ====================
====
输入姓名：马冬梅
输入所在学院：信息学院
信息学院的马冬梅同学，人生苦短，学好Python!
>>>
```

图 1-14　运行结果

1.3.3　Visual Studio Code 配置 Python 开发环境

　　Visual Studio Code(简称 VS Code)是一个运行于 Windows、Mac OS X、Linux 之上的，针对编写现代 Web 和云应用的跨平台源代码编辑器，这款编辑器拥有对 JavaScript、

TypeScript 和 Node.js 的内置支持，并具有丰富的语言(例如 C++、C#、Java、Python、PHP、Go)和运行时可扩展的系统。该编辑器集成了现代编辑器所应该具备的特性，包括语法高亮(syntax high lighting)、可定制的热键绑定(customizable keyboard bindings)、括号匹配(bracket matching)以及代码片段收集(snippets)。

在 VS Code 中配置 Python，一般的操作步骤如下：

(1) 登录网站 https://code.visualstudio.com，下载 VS Code 并进行安装。本教材下载了 VSCodeUserSetup-x64-1.59.0.exe，适用于 64 位的 Windows 操作系统。

(2) 点击最左侧的 Extensions 图标，在扩展里搜索中文包并进行安装，使界面切换成中文模式，如图 1-15 所示。

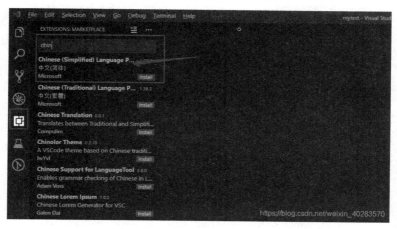

图 1-15　VS Code 中文配置界面

(3) 在扩展市场搜索"python"，搜出来的第一个就是 Python 扩展，如图 1-16 所示。点击"安装"即可。安装完后，原先"安装"按钮旁边出现"重新加载"的按钮，点击"使扩展加载生效"。

图 1-16　VS Code 安装 Python 界面

（4）创建一个本地文件夹，作为项目文件夹(比如 D:\ HELLO)，启动 VS Code，通过点击"文件"→"打开文件夹"，选择预先新建的文件夹 HELLO，并将该文件夹添加到工作区。

（5）选择 Python 解释器，打开命令选项板(Ctrl + Shift + P)，选择 Python 解释器，开始键入 Python：select inter 命令进行搜索，然后选择命令。配置好解释器后，左下角会出现解释版本，点击后可显示当前的解释器路径。本教材配置的 Python 解释器是 Python 3.9.6 64-bit，如图 1-17 所示。

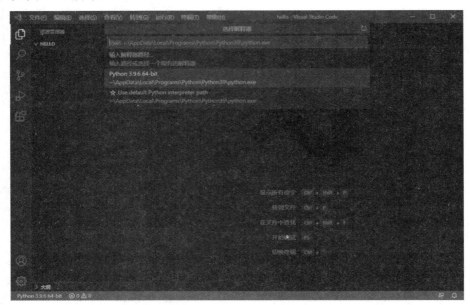

图 1-17　VS Code 选择 Python 解释器界面

1.3.4　Visual Studio Code 环境下运行 Python 程序

在 Visual Studio Code 环境下运行 Python 程序同样有交互式运行和文件式运行两种选择。

1. 文件式运行

创建一个 Python 源代码文件。从文件资源管理器的工具栏中，单击文件夹 HELLO 上的"新建文件"按钮，给文件取名为 hello.py，它将自动在编辑器中打开文件窗口，输入两行代码，第一行为 print（"Hello World!"），第二行为 print（"Hello 东方学院!"），如图 1-18 所示。

图 1-18　VS Code 编辑 Python 源代码界面

在编辑区单击鼠标右键，选择"在终端中运行 Python 文件"，或直接单击主界面右上角的三角形按钮"在终端中运行 Python 文件"，或按组合键 Ctrl + Alt + N，系统自动保存并运行该文件，并在编辑区下方终端显示运行结果，如图 1-19 所示。

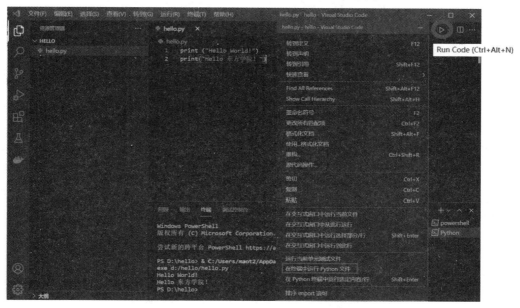

图 1-19　VS Code 运行 Python 文件界面

2. 交互式

如果需要交互运行文件中的某一句代码，可以将鼠标停留在该语句上，按 Shift+Enter 组合键，即可在终端显示当前代码的执行结果，如图 1-20 所示，即为代码 print("Hello 东方学院!")的交互运行结果。

图 1-20　VS Code 交互运行界面

1.4　Python 第三方模块的安装

Python 语言的特点之一就是有丰富的类库，这些库分为标准库和第三方库，标准库随 Python 安装包一起发布，用户可以随时使用，第三方库需要安装后才能使用。

登录网站 https://pypi.org，打开 Python 第三方库主页，如图 1-21 所示。

图 1-21　Python 第三方库主页

输入模块名，就可以查相应模块的详细说明。Python 有超过 15 万个第三方库。

Python 第三方库依照安装方式的灵活性和难易程度有 3 个安装方法，这 3 个方法分别是 pip 工具安装、自定义安装和文件安装。

1.4.1　pip 工具安装

pip 是 Python 官方提供并维护的在线第三方库安装工具。它是最常用且最高效的 Python 第三方库安装方式。如果你的机器同时安装 Python2 和 Python3 环境，建议采用 pip3 命令为 Python3 版本安装第三方库(本教材采用的是 pip)。

pip 是 Python 内置命令，不能在 IDLE 环境下运行，需要通过命令行执行，执行 pip-h 命令列出 pip 常用的子命令，如图 1-22 所示。

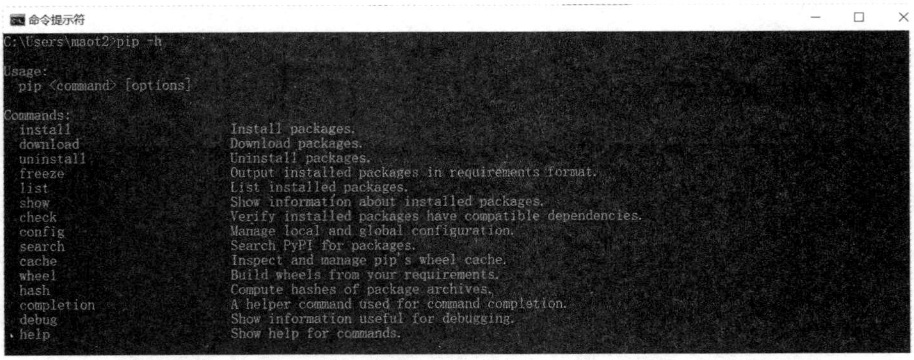

图 1-22　pip 常用子命令

pip 支持安装(install)、下载(download)、卸载(uninstall)、列表(list)、查看(show)、查找(search)等一系列子命令。

1. 安装一个库

命令格式：

pip　install　<拟安装的库名>

例如，安装 pygame 库，在命令提示符窗口输入 pip install pygame，pip 工具默认从网络下载 pygame 库安装文件并且自动安装到系统，如图 1-23 所示。

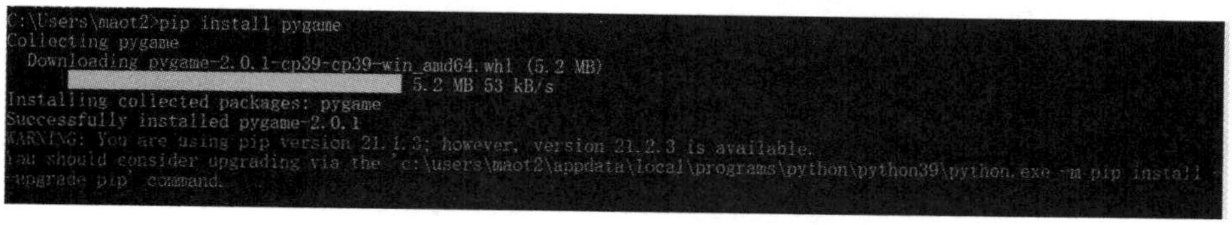

```
C:\Users\maot2>pip install pygame
Collecting pygame
  Downloading pygame-2.0.1-cp39-cp39-win_amd64.whl (5.2 MB)
     |████████████████████████████████| 5.2 MB 53 kB/s
Installing collected packages: pygame
Successfully installed pygame-2.0.1
WARNING: You are using pip version 21.1.3; however, version 21.2.3 is available.
You should consider upgrading via the 'c:\users\maot2\appdata\local\programs\python\python39\python.exe -m pip install --upgrade pip' command.
```

图 1-23　pip 工具安装 pygame 库

已安装的库如果有新版本，通过-U 标签更新，如图 1-24 所示。

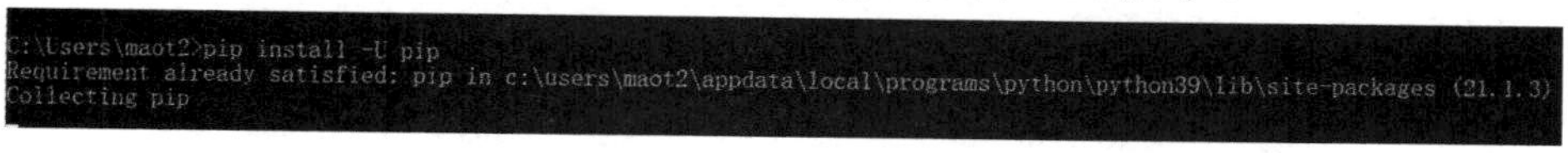

```
C:\Users\maot2>pip install -U pip
Requirement already satisfied: pip in c:\users\maot2\appdata\local\programs\python\python39\lib\site-packages (21.1.3)
Collecting pip
```

图 1-24　pygame 库的更新

2. 卸载一个库

命令格式：

pip　uninstall　<拟卸载的库名>

例如，卸载 pygame 库，卸载过程需要用户确认(y)，如图 1-25 所示。

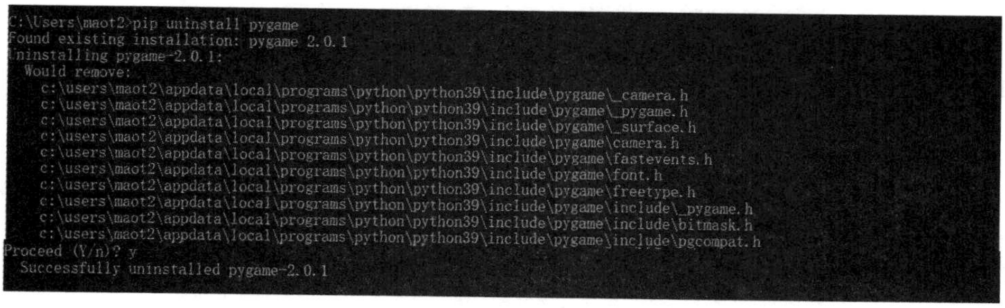

```
C:\Users\maot2>pip uninstall pygame
Found existing installation: pygame 2.0.1
Uninstalling pygame-2.0.1:
  Would remove:
    c:\users\maot2\appdata\local\programs\python\python39\include\pygame\_camera.h
    c:\users\maot2\appdata\local\programs\python\python39\include\pygame\_pygame.h
    c:\users\maot2\appdata\local\programs\python\python39\include\pygame\_surface.h
    c:\users\maot2\appdata\local\programs\python\python39\include\pygame\camera.h
    c:\users\maot2\appdata\local\programs\python\python39\include\pygame\fastevents.h
    c:\users\maot2\appdata\local\programs\python\python39\include\pygame\font.h
    c:\users\maot2\appdata\local\programs\python\python39\include\pygame\freetype.h
    c:\users\maot2\appdata\local\programs\python\python39\include\pygame\include\_pygame.h
    c:\users\maot2\appdata\local\programs\python\python39\include\pygame\include\bitmask.h
    c:\users\maot2\appdata\local\programs\python\python39\include\pygame\include\pgcompat.h
Proceed (Y/n)? y
  Successfully uninstalled pygame-2.0.1
```

图 1-25　pip 工具卸载 pygame 库

3. 列出当前系统已经安装的第三方库

命令格式：

pip list

4. 列出某个已经安装的库的详细信息

命令格式：

pip　show　<拟查询的库名>

5. 下载但并不安装第三方库的安装包

命令格式：

pip　download　<拟下载的库名>

6. 互联网搜索库名或摘要中的关键字

命令格式：

pip　　search <拟查询的关键字>

目前，超过 90% 的第三方库可以通过 pip 工具进行安装。在 Windows 操作系统中，有一些第三方库仍然要用其他方式安装。在 Mac OS X 和 Linux 等操作系统中，pip 工具可以安装大部分 Python 第三方库。

1.4.2　自定义安装

自定义安装指按照第三方库提供的步骤和方式安装。一般用于 pip 中无法安装的第三方库。第三方库都有主页用于对库的代码和文档进行维护。以矩阵计算用的 NumPy 库为例，登录其官网 http://www.NumPy.org，找到下载链接地址 http://www.scipy.org/scipylib/download.html，根据指示步骤安装。

1.4.3　文件安装

某些第三方库通过 pip download 下载文件后无法在 Windows 系统编译安装，遇到这种情况，用户可以登录美国加州大学尔湾分校提供的页面 http://www.lfd.uci.edu/~gohlke/pythonlibs，获得 Windows 可直接安装的第三方文件。以进行线性代数、优化、集成、统计处理的 SciPy 库为例，在网站上我们可以看到 SciPy 库对应的相关文件页面，如图 1-26 所示。

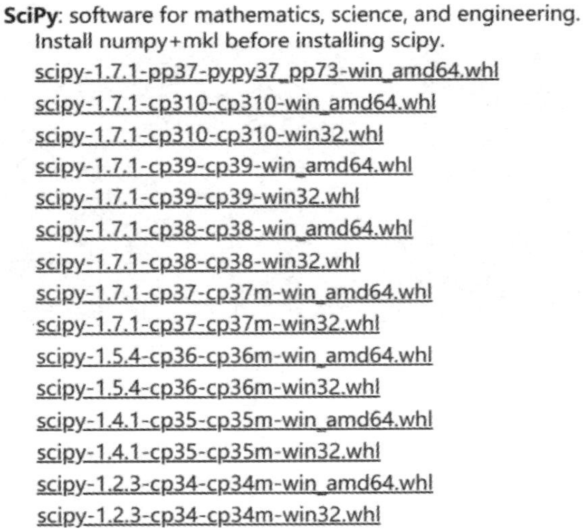

SciPy: software for mathematics, science, and engineering.
Install numpy+mkl before installing scipy.
scipy-1.7.1-pp37-pypy37_pp73-win_amd64.whl
scipy-1.7.1-cp310-cp310-win_amd64.whl
scipy-1.7.1-cp310-cp310-win32.whl
scipy-1.7.1-cp39-cp39-win_amd64.whl
scipy-1.7.1-cp39-cp39-win32.whl
scipy-1.7.1-cp38-cp38-win_amd64.whl
scipy-1.7.1-cp38-cp38-win32.whl
scipy-1.7.1-cp37-cp37m-win_amd64.whl
scipy-1.7.1-cp37-cp37m-win32.whl
scipy-1.5.4-cp36-cp36m-win_amd64.whl
scipy-1.5.4-cp36-cp36m-win32.whl
scipy-1.4.1-cp35-cp35m-win_amd64.whl
scipy-1.4.1-cp35-cp35m-win32.whl
scipy-1.2.3-cp34-cp34m-win_amd64.whl
scipy-1.2.3-cp34-cp34m-win32.whl

图 1-26　SciPy 库对应的 Windows 文件下载页面

根据机器及软件配置情况，我们选择 Python 3.9 版本解释器、Windows 64 位系统的对应文件是 scipy-1.7.1-cp39-cp39-win_amd64.whl，下载到 d:\python 目录，在命令提示符窗口用 pip install 命令安装该文件即可，如图 1-27 所示，第一句就是安装语句，后面是安装完成以后的信息，最后显示"Successfully installed"安装成功。

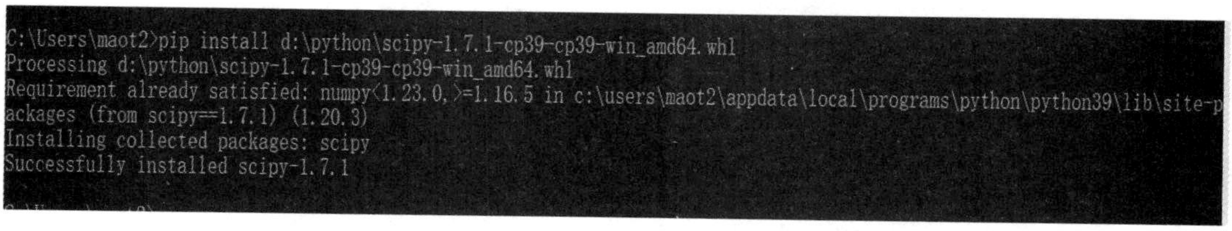

图 1-27　文件安装 SciPy 库

综上所述，在有网络的条件下，首选 pip 安装第三方库，如果不成功，Windows 平台选择文件安装，非 Windows 平台选择自定义安装；没有网络的情况下，需要预先下载.whl文件，通过文件安装第三方库。

1.4.4　安装示例

前面我们介绍了 3 种安装第三方库的方法，在表 1-1 中我们列出了 20 个常用的第三方库，现在需要安装这 20 个常用的第三方库。pip 安装第三方库用的名字和库名不一定完全相同，一般都采用小写字符。

表 1-1　常用的第三方 Python 库(20 个)

库　名	适应范围	功　能
NumPy	数据处理	矩阵运算
SciPy	数据处理	线性代数、优化、集成、统计
Pandas	数据处理	高效数据分析
SymPy	数据处理	数学符号计算
Networkx	数据处理	复杂网络和图结构的建模和分析
Matplotlib	数据可视化	2D 图形绘制
Plotly	数据可视化	构建基于 Web 的可视化图形
Scikit-Learn	机器学习	机器学习和数据挖掘
NLTK	自然语言处理	文本标记、分类、实体名称识别
jieba	自然语言处理	中文分词
Requests	网络爬虫	获取网页
Requests-html	网络爬虫	获取网页并分析，使用 3.6 以上版本
BeautifulSoup	网络爬虫	网页分析
Wheel	文件处理	Python 文件打包
Pyinstaller	文件处理	打包 Python 源文件为可执行文件
xlrd	文件读写	读取 Excel 数据
xlwd	文件读写	数据写入 Excel
PyPDF2	文件读写	PDF 文件内容读取及处理
Flask	Web 开发	轻量级 Web 开发框架
pygame	游戏开发	简单小游戏开发框架

在命令提示符窗口安装第三方库的过程中，部分库会依赖其他函数库，部分库下载后安装过程比较长。成功安装后，一般显示"Successfully installed..."提示。

如果觉得库太多，一个一个安装比较麻烦，我们也可以通过 Python 标准库 os 的 system() 函数调用实现 pip 批量安装，如图 1-28 所示。

```
安装示例.py - D:/python 教材编写/安装示例.py (3.9.6)
File Edit Format Run Options Window Help
import os
libs={"numpy","scipy","pandas","sympy","networkx","matplotlib","plotly",\
      "scikit-learn","nltk","jieba","requests","requests-html","beautifulsoup",\
      "wheel","pyinstaller","xlrd","xlwd","pypdf2","flask","pygame"}
try:
    for lib in libs:
        os.system("pip install "+lib)
    print("Successful")
except:
    print("Failed Somehow")
```

图 1-28　pip 批量安装

安装成功后，显示 Successful。

本 章 小 结

本章具体讲解了程序设计语言的概念、Python 语言的历史和发展、Python 开发环境的配置、Python 版本的主要区别，进一步阐述了 Python 第三方库的基本概念和常用安装方法。

习 题

1. 双击安装的 IDLE 启动 Python 运行环境，Python3.X 环境中通过交互方式运行下列 Python 命令，观察运行结果：

(1) print ("Hello,新年好！东方！")
(2) name=input("请输入你的姓名：")
(3) college=input("请输入你所在的学院：")
(4) print("大家好！我是{}的{}。".format(college,name))

2. 在打开的 IDLE 的运行环境下，新建文件 area.py：在菜单中选择 File→New File (或快捷键 Ctrl + N)，打开文件窗口，输入计算矩形面积的代码如下：

```
a=15
b=10
s=a*b
print(s)
print("矩形的长为{},宽为{},面积为{}".format(a,b,s))
```

在菜单中选择 Run→Run Module(或按快捷键 F5)运行文件，文件取名 area,记录运行结果。

3. 同样在 IDLE 运行环境下，新建文件 choname.py，文件内容如下：

```
name=input("请输入你的姓名：")
college=input("请输入你所在学院：")
print("{}的{}同学，人生苦短，学好 Python!".format(college,name))
```

运行该程序文件，记录运行结果。

4. 通过搜索文件 cmd.exe，打开 Windows 命令提示符窗口，在 Windows 命令行输入命令 pip　-h，检查并了解该命令包含的 install、download、uninstall、list 等功能。

5. 在 Windows 命令行用 pip 工具安装 pygame 库，并列出 pygame 库的详细信息。

6. 在 Windows 的命令行中列出所有本机已安装的库。

7. 简述 Python 有哪几类库？区别是什么？

第 2 章　Python 基本语法

2.1　Python 基本语法元素

2.1.1　引例：计算成绩最大值和最小值

本节以计算成绩最大值和最小值为例，介绍程序设计的基本思路和程序代码，编程实现成绩数据的比较和计算功能，并逐一介绍程序代码中的各个 Python 语法元素。一般情况下，实现程序包括数据输入、数据处理、数据输出三部分。

(1) 数据输入。要计算成绩的最大值、最小值和平均值，首先需要读取数据或接收成绩数据输入。如果数据保存在数据库或者文件中，则需要连接数据库或文件进行读入，否则需要用户自行输入数据。

(2) 数据处理。读入或接收用户输入的数据后，程序需要对数据进行处理并进行比较运算，即首先检测用户输入的数据是否为成绩数据，如果是成绩数据，则进行数值比较运算，并将最大值和最小值挑选出来，同时计算平均成绩。

(3) 数据输出。经数据处理后，根据若干成绩数据计算出来的最大值、最小值和平均值，以合适的方式进行输出展示。

梳理了程序的基本功能后，编写如下程序，以实现逐一接收用户键盘输入的成绩数据并从中挑选最大值和最小值，当用户不再输入后，输出所有的成绩数据及其最大值、最小值、平均值。

```
1   #输入：若干个成绩数据
2   #输出：最高成绩、最低成绩和平均成绩
3   smax =0
4   smin = 100
5   count = 0
6   slist = []
7
8   s = input( '输入一个分数并回车:')
9   while len(s)>0:
10      score = float(s)
11      slist.append(score)
12      count = count + 1
```

```
13    if smin > score:
14        smin = score
15    if smax < score:
16        smax = score
17    s = input('输入一个分数并回车: ')
18
19 savg = sum( slist) / count
20 print('成绩列表:',slist)
21 print('最高分、最低分、平均分是{}、{}、{:.2f}'\
22    .format( smax, smin,savg))
```

使用 Python 代码编辑器(例如 idle)编写并保存上述代码，执行程序，运行结果如下：

输入一个分数并回车：90

输入一个分数并回车：80

输入一个分数并回车：96

输入一个分数并回车：60

输入一个分数并回车：70

输入一个分数并回车：

成绩列表：[90.0，80.0，96.0，60.0，70.0]

最高分、最低分、平均分是 96.0、60.0、79.20

Python 程序是逐行编写的，代码执行过程也是从上到下解释运行的。编译器在运行 Python 代码时，首先会检查代码整体有无语法错误，如果存在语法错误则会提示并终止程序运行。程序执行过程中如果出现逻辑错误或其他错误，则程序会终止运行并提示错误。一个好的 Python 程序，需要经过良好的设计、编码及调试运行，实现预定的功能，规避可能的逻辑错误及运行错误，最终得到良好的可以为用户提供服务的成品。

2.1.2　缩进

缩进是指每行语句开始前的空白区域，用来表示 Python 程序间的包含和层次关系。Python 与其他语言的最大区别就是：Python 的代码块不使用大括号{}来控制类、函数以及其他逻辑判断。Python 最具特色的就是用缩进来进行程序流程、模块、函数、类等语法结构控制。

Python 中，一般代码不需要缩进，应顶行编写且不留空白。当表示分支、循环、函数、类等程序含义时，在 if、while、for、def、class 等保留字所在完整语句后通过英文冒号(:)结尾并在之后行进行缩进，表明后续代码与紧邻无缩进语句的所属关系。例如：

```
if    smin > score:
        smin = score:
if    smax < score:
        smax = score:
```

其中，第二行语句属于被第一行语句控制的范围，需要缩进编写，第四行语句属于被第三行语句控制的范围，需要缩进编写。需要注意的是，不是所有语句都可以通过缩进来包含其他代码，只有上述特定保留字所在语句才可以引导缩进，如 print 这样的简单语句不表示所属关系，不能使用缩进。Python 语言对语句之间的层次关系没有限制，可以嵌套使用多层缩进。

在编写代码时，缩进可以用 Tab 键实现，也可以用多个空格实现(一般是 4 个空格)，但两者不能混用。建议采用 Tab 键方式书写代码。如果 Python 程序执行时产生了 unexpected indent 错误，则说明代码中出现了缩进不匹配的问题，需要查看所有缩进是否一样，以及错用缩进的情况。例如：

```
    score = '0.0'        #错误的缩进，会报错
if smin > score:
        smin = score
if smax < score:
    smax = score
    print("smax")        #非标准缩进，会报错
```

其中，第一行并不需要缩进，但是错误地添加了一个空格缩进后，程序执行会显示错误；类似地，最后一行语句属于第四行 if 语句，但是缩进不足，程序执行也会提示缩进错误。

2.1.3　注释

注释是代码中的辅助性文字，会被编译器或解释器忽略，不被计算机执行，一般用于在代码中标明作者和版权信息，或解释代码原理及用途，或通过注释单行代码辅助程序调试。Python 语言采用"#"表示一行注释的开始。示例如下：

```
# 第一个注释
print ("Hello, Python!")  # 第二个注释
```

Python 代码中多行注释需要在每行开始都使用"#"，多行注释也可以用三个单引号''' 或者三个双引号 """ 将注释括起来。例如：

```
'''
这是多行注释，用三个单引号
这是多行注释，用三个单引号
这是多行注释，用三个单引号
'''
print("Hello, World!")
```

注释可以在 Python 程序代码行中任意位置通过"#"开始，"#"之后的本行内容被当作注释，而之前的内容仍然是 Python 执行程序的一部分。Python 程序中注释语句将被解释器忽略掉，不被执行，非注释语句将按顺序执行。

2.1.4　常量、变量和保留字

与自然语言相似，Python 语言的基本单位是"单词"，少部分单词是 Python 语言规定的，被称为保留字，大部分单词是用户自己定义的，通过命名过程形成了变量或函数，进而组成 Python 程序代码。

1. 常量

常量顾名思义就是不变的量，它的值是固定不变的，如圆周率 π，我们就可以理解为常量，它的值是默认的。常量在 Python 程序中应用较少，Python 语言不提供自定义常量的方法，只有少数的常量存在于 Python 内置命名空间中，如 None(用于表示值缺失)、False(bool 类型的假值)、True(bool 类型的真值)等，编程时无法重新为这些常量赋值。

2. 变量

变量是保存和表示数据值的一种语法元素，变量来源于数学，是计算机语言中能储存计算结果或能表示值的抽象概念。变量的通常用法是通过变量名去访问(存储或读取)对应的值。

变量在程序中十分常见，变量的值是可以改变的，能够通过赋值(使用等号 "=" 表达)方式被修改。例如：

```python
counter = 100  # 赋值整型变量
miles = 1000.0  # 浮点型
name = "John"  # 字符串
print(counter)
print(miles)
print(name)
```

以上实例中，100、1000.0 和"John"分别赋值给 counter、miles、name 变量。执行以上程序会输出如下结果：

```
100
1000.0
John
```

Python 语言中，变量可以随时定义，随时赋值，随时使用。Python 允许采用大小写字母、数字、下画线(_)和汉字等字符及其组合进行命名，变量名或函数名也称为标识符。Python 语言中标识符的首字符不能是数字，标识符中不能使用空格。除了下画线之外，其他标点符号不能作为变量名使用。另外，标识符长度没有限制。

以下是合法命名的 Python 标识符：

_my、aint、c666、Python_is_good

以下是不合法命名的 Python 标识符：

2im、My name

需要注意的是，Python 变量标识符对大小写敏感，python 和 Python 是两个不同的名字。另外，程序员可以选择任何自己喜欢的名字，包括使用中文字符命名，但从编程习惯和兼容性角度考虑，一般不建议采用中文字符对变量命名。除上述命名规则外，变量标识符的名字不能与 Python 保留字相同。

3. 保留字

保留字(keyword)也称关键字，指被编程语言内部定义并保留使用的标识符。每种程序设计语言都有保留字，保留字一般用来构成程序整体框架，表达关键值和具有结构性的复杂语义等。程序员编写程序不能命名与保留字相同的标识符。

可以使用以下代码查看 Python 的保留字：

```
import keyword
print(keyword.kwlist)
```

Python 3.x 版本的保留字如下：

and	as	assert	break	class	continue
def	del	elif	else	except	finally
for	from	False	global	if	import
in	is	lambda	nonlocal	not	None
or	pass	raise	return	try	True
while	with	yield			

与其他标识符一样，Python 的保留字对大小写也是敏感的。例如，True 是保留字，但 true 不是保留字，后者可以被当作变量名、函数名等标识符使用。又如，if 是保留字，但 IF 不是保留字。

2.1.5 赋值语句

在编程语言中，将数据放入变量的过程叫作赋值(Assignment)。Python 使用等号 "=" 作为赋值运算符，具体格式如下：

```
name = value
```

其中，name 表示变量名，变量命名要遵守 Python 标识符命名规范，还要避免和 Python 内置函数以及 Python 保留字重名；value 表示值，也就是要存储的数据。

例如，下面的语句将整数 0 赋值给变量 smax，把 100 赋值给变量 smin，把变量 count 的值加 1 后保存在变量 count 中：

```
smax = 0
smin = 100
count = count + 1
```

上述语句执行以后，smax 就代表整数 0，使用 smax 也就是使用 0。同样地，smin 就表示 100。

变量的值不是一成不变的，它可以随时被修改，只要重新赋值即可。在 Python 程序代码中，可以将不同类型的数据赋值给同一个变量。例如：

```
n = 10  #将 10 赋值给变量 n
n = 100  #将 100 赋值给变量 n
abc = 12.5  #将小数赋值给变量 abc
abc = 85  #将整数赋值给变量 abc
abc = "http://c.biancheng.net/"  #将字符串赋值给变量 abc
```

注意：变量的值一旦被修改，之前的值就被覆盖了。换句话说，变量只能容纳一个值。除了赋值单个数据，也可以将表达式的运行结果赋值给变量。例如：

```
count = count + 1  #将加法的结果赋值给变量
savg = sum(slist) / count  #将整体运算结果赋值给变量 savg
rem = 25 * 30 % 7  #将余数赋值给变量
str = "python 编程语言"  #将字符串赋值给变量 str
```

Python 允许同时为多个变量赋值，也可以为多个对象指定多个变量。例如：

```
a = b = c = 1  #创建三个变量，值都为 1
a, b, c = 1, 2, "good"  #数值 1 和 2 赋值给变量 a 和 b，字符串"good"赋值给变量 c
```

2.1.6　数据类型

计算机在进行数据运算或存储时，需要明确数据的类型，不同类型的数据所能进行的运算方式不同，在内存中所需的存储空间也有区别。例如，对于数值 1001，计算机需要明确这个数值是二进制数字还是十进制数字，两者在进行数学算数运算时规则是不同的。此外，十进制整数 1001 和字符串 "1001" 也是不同的，前者可以进行算术运算，而后者不可以，两者在内存中占用的存储空间也完全不同。

在内存中存储的数据可以有多种类型。例如，一个人的年龄一般用数字来存储，名字则用字符来存储。Python 定义了一些标准类型，用于存储各种类型的数据。Python 有五个标准的数据类型：

- √ Numbers(数字)。
- √ String(字符串)。
- √ List(列表)。
- √ Tuple(元组)。
- √ Dictionary(字典)。

Python 支持三种不同的数字类型：int(有符号整型)、float(浮点型)、complex(复数)。例如：

```
count = 0  #int 类型变量
score = 90.5  # float 类型变量
var = 3+4j  # complex 类型变量
```

计算机程序经常用于处理文本信息，文本信息在程序中使用字符串类型来表示和存储，字符串是字符的序列，在 Python 语言中采用双引号""或一对单引号' '或者三个单(双)引号进行表示。例如：

```
word = '字符串'
sentence = "这是一个句子。"
paragraph = """这是一个段落,
可以由多行组成"""
```

对于字符串变量，可以访问整体或者截取访问部分子串。如果要实现从字符串中获取一段子字符串的话，可以使用[头下标：尾下标]来截取相应的字符串，其中下标从 0 开始算起，可以是正数或负数，也可以为空(表示取到头或尾)。此外，当[头下标：尾下标]获取的是子字符串时，包含头下标的字符，但不包含尾下标的字符。例如：

```
str = 'Hello World!'
print(str)# 输出完整字符串
print(str[0])# 输出字符串中的第一个字符
print(str[2:5])# 输出字符串中第三个至第六个之间的字符串
print(str[2:])# 输出从第三个字符开始的字符串
```

输出结果如下：

```
Hello World!
H
llo
llo World!
```

在 Python 程序代码中，变量的数据类型可以随时改变。比如，同一个变量可以一会儿被赋值为整数，一会儿被赋值为字符串。除数值类型和字符串类型外，Python 还支持元组、列表、字典等复合数据类型，本章 2.1.1 节引例中的 slist 就是一个列表类型的变量，slist 可以动态地将若干个不同的数值存储起来。更多关于 Python 数据类型的内容请参见第 3 章和第 5 章。

2.1.7　程序控制结构

1. 判断结构

大部分 Python 代码都是一条一条语句顺序执行的，这种代码结构称为顺序结构。然而仅有顺序结构并不能解决所有的问题，例如，本章 2.1.1 节引例的第 14 行，将当前成绩保存为 smin 变量中是有前提的：只有当前成绩 score 比 smin 的值更小时，第 14 行才会运行，否则并不会运行，实现这个功能的代码称为判断结构。在 Python 中，要构造分支结构可以使用 if、elif 和 else 等关键字。

if 和 elif 后面都要跟一个条件表达式，只有当前的"条件表达式"成立，紧跟的语句块才会被执行。2.1.1 节引例的第 13、14 行构成了一个判断结构，第 15、16 两行也构成了一个判断结构。

2. 循环结构

循环结构是重复执行某一固定的动作或者任务的 Python 代码结构体,合理使用循环结构体,可以构建良好简洁的程序代码。Python 语言中循环结构分为 for 循环结构体和 while 循环结构体,在本章 2.1.1 节引例中使用了 while 循环结构体,使用方式如下:

while 条件表达式:

　　　语句块

其中,while 是 Python 保留字,其后要跟一个条件表达式,只要当前的"条件表达式"成立,紧跟的语句块会被重复执行,当"条件表达式"不再成立,循环结构便会退出运行。2.1.1 节引例的 9～17 行构成了完整的循环结构体,实现了不限次数接收用户成绩数据并处理的功能,只要用户输入一个非空数据(保存到变量 s 中),则条件表达式 len(s)>0 就会成立,则循环结构体包含的语句块(10～17 行)就会持续运行;当用户在运行程序时没有输入任何值(仅有回车符),则变量 s 就会存储一个空字符串,表达式 len(s)>0 不再成立,while 循环体(9～17 行)不再运行。

除了 while 循环结构外,Python 语言中还有 for 循环结构,详细可查看教材后续章节。

扩展:

　　同所有计算机编程语言相同,Python 语言具有严格的语法规则,符合规则是程序代码实现预定动能的前提基础,程序编写过程中的语法规则错误,会导致程序无法通过规则检查,即使是程序缩进、标点符号等小小错误,都能导致整个程序无法运行。

　　编程语言语法规则概念与我们生活中法律法规的概念是相通的,在我们的日常生活中,大到社会、国家,小到学校、班级和小组都有一定的规则和纪律,只有人人都遵守纪律和规则,社会、国家和学校才能正常有序的运行。法律法规是这个社会平稳有序运行的基石,良好的法制道德意识是每个社会人尤其是大学生必须具备的基本素养,我们要在日常生活学习中不断地学习,培养起严谨、一丝不苟、细心、精益求精的作风,也只有这样,我们才能充实、幸福、自由地生活。

2.2　基本输入/输出函数

2.2.1　函数

函数是组织好的、可重复使用的、用来实现单一或相关联功能的代码段。函数能提高程序的模块性和代码的重复利用率。

Python 语言中的函数简单来说可以分为两种:内置函数和非内置函数。

内置函数是由 Python 语言提供,编程时可以直接拿来使用,比如编程中频繁使用的 input()和 print()函数。在本章的引例中,除了 input()和 print()函数外,使用的 Python 内置函数还有第 9 行的 len()函数(计算并返回对象的长度)、第 10 行的 float()函数(将用户的输入数据转换为浮点数)、第 19 行的 sum()函数(实现求和功能),更多的内置函数内容参见教材第 6 章。

除内置函数外,还有各种库函数以及用户自定义函数,编程时可以通过 import 语句导入相关的 Python 库并使用库中定义的函数,用户也可以自己编程创建并使用自己的函数。关于函数的详细内容参见教材第 6 章。

2.2.2　input()函数

input()函数是 Python 的内置函数,是非常重要的交互式函数。交互式函数是指程序可以与用户交互,input()函数能接收用户输入的内容,并返回字符串类型结果,函数的语法如下:

```
input([prompt])
```

其中,prompt 参数表示函数执行时的提示信息。本章 2.1.1 节的引例中,就是通过 input() 函数接收用户输入的若干个成绩数据,只是 input()函数接收到的输入数据是字符串类型的,不能直接进行数值运算,所以使用 float()函数转换为数值类型才能进行后续的运算。

```
s = input('输入一个分数并回车：') #s 为字符串类型
score = float(s)   #将字符串数值转换为浮点数类型
```

关于 input()函数的一般使用示例如下:

```
>>> a=input("请输入：")
请输入：hello
>>> a
'hello'
>>> type(a)
<class 'str'>
>>> a=input("请输入：")
请输入：123
>>> a
'123'
>>> type(a)
<class 'str'>
```

另外,input()函数的提示性信息参数 prompt 是可选的,如果程序在接收输入时不需要提示信息,则直接使用 input()函数接收输入,即

```
>>> a= input() #无提示信息
world
>>> a
'world'
```

2.2.3　print()函数

本章 2.1.1 节的编程示例最后使用 print()函数输出并展示计算结果，print()函数用于打印输出，是 Python 语言中最常用的一个函数。该函数的语法如下：

```
print(value, sep=' ', end='\n', file=sys.stdout)
```

参数的具体含义如下：

value：表示输出的对象。输出多个对象时，需要用"，"(逗号)分隔。

sep：用来间隔多个对象。

end：用来设定以什么结尾。默认值是换行符"\n"，我们可以换成其他字符。

file：要写入的文件对象。

```
>>> print(1)
1
>>> print('Hello World')
Hello World
>>> print(1,'Hello World')
1 Hello World
>>> print('1','2',sep='-')
1-2
```

print()函数用于输出多个对象时，默认用空格隔开，例如 print('a','b')语句执行后，执行后字符串 a 和 b 中间以空格间隔开，如果要改变的话，可以设置 print()函数的 sep 参数，例如：

```
>>> print('a','b',sep='-') #输出的多个对象之间以"-"进行间隔
a-b
```

print()函数输出内容后默认会增加一个换行，如果想改变就需要设置 print()函数的 end 参数，例如：

```
>>> print('a','b','c',sep='~',end = '****')
a~b~c****
>>> var1 = 10.0
>>> print(var1, end = '%')
10.0%
```

2.3　turtle 库

2.3.1　turtle 库介绍

turtle 库是 Python 入门级的基础绘图库，也是 Python 语言的标准库之一，主要用于

程序设计入门，可以用于制作很多复杂的图形。turtle 名称含义为"海龟"，可以想象一只海龟位于显示器上绘图窗体的正中心，在画布上游走，它游走的轨迹就形成了绘制的图形。海龟的运动是由 Python 函数指令控制的，它可以变换绘图颜色，改变图形大小(宽度)等。

turtle 绘图所使用的画笔(小乌龟)在一个横轴为 x、纵轴为 y 的坐标系中，以坐标原点(0，0)位置为初始位置，它根据一组函数指令的控制，在这个平面坐标系中移动。standard 模式下(默认)，画笔的朝向为右侧，右侧就为前方，如图 2-1 所示。

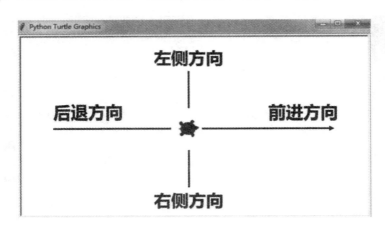

图 2-1　turtle 绘图坐标系及方向定义

turtle 库是 Python 语言的标准库，使用时需要使用如下 import 命令将库引入并使用：

```
import turtle
```

turtle 库引入后，即可使用库中的各种相关方法编制绘图程序。首先，了解一下画布和画笔。

1. 画布

使用 turtle 的 setup()函数，可以在屏幕中生成一个窗口(窗体)，设置窗口的大小和位置，这个窗口就是画布的范围。

```
turtle.setup(width,height,startx,starty)
```

setup 的四个参数分别指的是：

width：窗体的宽度；

height：窗体的高度；

startx：窗体距离屏幕左边边缘的像素距离；

starty：窗体距离屏幕上面边缘的像素距离。

其中，后两个参数是可选项，如果不填写该参数，窗口会默认显示在屏幕的正中间。

画布的最小单位是像素，屏幕的坐标系以左上角为原点(0，0)。另外，setup()函数在 turtle 绘图程序中并不是必需的，只有在需要自定义窗口的大小及位置时才被使用，如图 2-2 所示。

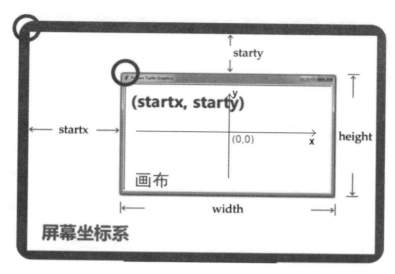

图 2-2　设置窗口的大小和位置

turtle 绘图时需要用到 x、y 标准坐标系，该坐标系以画布的中间点为坐标原点(0，0)，水平方向为 x 轴，垂直方向为 y 轴，形成四象限的坐标体系。例如，可以使用 turtle.goto(x,y) 方法来让海龟沿着绝对坐标进行运动：

```
import turtle
turtle.goto(100,100)
turtle.goto(100,-100)
turtle.goto(-100,-100)
turtle.goto(-100,100)
turtle.goto(0,0)
```

2. 画笔

在画布上，默认有一个坐标原点为画布中心的坐标轴，坐标原点上有一只面朝 x 轴正方向的画笔。在控制这个笔画绘图前，可以使用下面的函数设置画笔的属性，包括颜色、画线的宽度等。

turtle.pensize(size)：设置画笔的宽度为 size(正整数)。如果 size 参数为空，则返回当前画笔的宽度。

turtle.pencolor(color)：设置画笔颜色为 color。其中，color 参数可以是字符串，如 "green""red"，也可以是 RGB 3 元组。如果没有参数传入，则返回当前画笔颜色。

turtle.speed(speed)：设置画笔的移动速度。画笔绘制的速度范围为[0，10](取整数)，数字越大，速度越快。例如：

```
turtle.pensize(20)
turtle.pencolor("blue")
turtle.speed(3)
```

2.3.2 turtle 库绘图命令

操纵 turtle 绘图有着许多的命令，这些命令可以划分为 3 种：第一种为运动命令，第二种为画笔控制命令，还有一种是全局控制命令。

画笔运动命令如表 2-1 所示。

表 2-1 turtle 绘图画笔运动控制命令

命 令	说 明
turtle.forward(distance)	向当前画笔方向移动 distance 像素长度
turtle.backward(distance)	向当前画笔相反方向移动 distance 像素长度
turtle.right(degree)	顺时针旋转 degree
turtle.left(degree)	逆时针旋转 degree
turtle.pendown()	移动时绘制图形，缺省时也为绘制
turtle.goto(x,y)	将画笔移动到坐标为 x、y 的位置
turtle.penup()	提起笔移动，不绘制图形，用于另起一个地方绘制
turtle.circle()	画圆，半径为正(负)，表示圆心在画笔的左边(右边)画圆
turtle.setx( )	将当前 x 轴移动到指定位置
turtle.sety( )	将当前 y 轴移动到指定位置
turtle.setheading(angle)	设置当前朝向为 angle 角度
turtle.home()	设置当前画笔位置为原点，朝向东
turtle.dot(r)	绘制一个指定直径和颜色的圆点

画笔控制及设置命令如表 2-2 所示。

表 2-2 turtle 绘图设置命令

命 令	说 明
turtle.fillcolor(colorstring)	绘制图形的填充颜色
turtle.color(color1, color2)	同时设置 pencolor=color1，fillcolor=color2
turtle.filling()	返回当前是否在填充状态
turtle.begin_fill()	准备开始填充图形
turtle.end_fill()	填充完成
turtle.hideturtle()	隐藏画笔的 turtle 形状
turtle.showturtle()	显示画笔的 turtle 形状

全局控制命令如表 2-3 所示。

表 2-3 turtle 绘图全局设置命令

命　　令	说　　明
turtle.clear()	清空 turtle 窗口，但是 turtle 的位置和状态不会改变
turtle.reset()	清空窗口，重置 turtle 状态为起始状态
turtle.undo()	撤销上一个 turtle 动作
turtle.isvisible()	返回当前 turtle 是否可见
turtle.write(s [,font=("font-name",font_size,"font_type")])	写文本，s 为文本内容，font 是字体的参数，分别为字体名称，大小和类型；font 为可选项，font 参数也是可选项

2.4 应用实例：绘制五角星

本节综合之前介绍的 turtle 库画笔运动命令、画笔设置命令等，介绍绘制五角星的程序代码，与此同时，本例使用了简单的 for 循环控制结构，简化了代码的复杂度。

```python
import turtle

turtle.pensize(5)  #设置画笔宽度
turtle.color("yellow","red") #设置画笔的笔触颜色和填充颜色

turtle.begin_fill()  #颜色填充控制
for i in range(5):
  turtle.forward(200)
  turtle.right(144)
turtle.end_fill()  #开始颜色填充

turtle.penup()    #画笔抬起，后续过程画笔移动也不再绘制线条
turtle.goto(60,-150)
turtle.color("violet")
turtle.write("五角星", font=('Arial', 20, 'normal')) #在画布上显示文字
```

上述代码的执行结果如图 2-3 所示。

图 2-3　绘制的五角星

本 章 小 结

本章介绍了"计算成绩最大值、最小值和平均值"的综合实例，并依据本实例介绍了
Python 语言的基本语法元素，主要包括缩进、注释、变量、保留字、赋值语句、数据类型、
函数，还介绍了 turtle 库的应用，主要介绍了 turtle 的基本绘图命令。

习 　 题

1. 根据圆半径计算圆面积，结果保留两位小数。其中，圆周率使用 3.1415。请注意：
获得输入请使用 input，输出圆的面积数字。

2. 可以接受任意字符串输入，实现字符串垂直输出。例如，输入"程序设计"，输出：
程
序
设
计

3. 用户输入三角形三边长度，并使用海伦公式计算三角形的面积。

海伦公式为 $S = \sqrt{p(p-a)(p-b)(p-c)}$ 。其中，公式中 a、b、c 分别为三角形三边长，p
为半周长，S 为三角形的面积。

4. 编程实现圆角正方形(见图 2-4)的绘制，要求用户输入正方形的边长(L)和圆角的半
径(R)。

图 2-4　圆角正方形

5. 绘制如图 2-5 所示的四个同心圆。

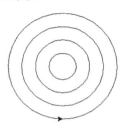

图 2-5　同心圆

6. 使用 turtle 库的 circle 函数、seth 函数及 left 函数，绘制一个如图 2-6 所示的四瓣花图形。

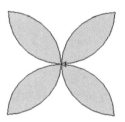

图 2-6　四瓣花图形

第 3 章   基本数据类型

3.1   数 字 类 型

表示数字或数值的数据类型称为数字类型，Python 语言提供了 3 种数字类型 —— 整数、浮点数和复数，分别对应数学中的整数、实数和复数。

3.1.1   整数类型

Python 中整数类型与数学中整数的概念一致，整数类型共有 4 种进制表示：十进制、二进制、八进制和十六进制。十进制字面常量可以由第一个为非零数字的数字序列表示。为了表示八进制字面常量，可以使用 0o 后面带一个八进制数字(0~7)序列。为了表示十六进制常量，可以使用 0x 后面带一个十六进制数字序列(0~9 和 A~F，可以使用大写或小写字母)。与 C 语言中所指的整型规则相同。

整数类型的各种进制表示实例如下：

十进制：默认情况，如 123、−456。

二进制：0b 或 0B，由字符 0 到 1 组成，如 0b1101、0B1101。

八进制：0o 或 0O，由字符 0 到 7 组成，如 0o761、0O761。

十六进制：0x 或 0X，由字符 0 到 9、a 到 f 或 A 到 F 组成，如 0xABC、0XABC。

在 Python 2 时代，整型有 int 类型和 long 长整型，长整型不存在溢出问题，即可以存放任意大小的整数。Python 3 中基本整型和长整型统一成了一种类型，即 int 型，表示为长整型数据。

Python 中，长整型没有预定义的大小限制，只要内存允许，长整型可以无限大。与之相对，普通整型只占用了几个字节的内存，并且其最小值和最大值是由计算的架构决定的。在 Python 3 中，可以预定义基本整形数据的取值范围，sys.maxsize 是可以使用的最大正整数，而-sys.maxsize-1 是可以使用的最大负整数。例如，在 64 位计算机上，sys.maxsize 是 9223372036854775807。

```
>>> import sys
>>> sys.maxsize
9223372036854775807
>>> -sys.maxsize-1
-9223372036854775808
```

3.1.2　浮点数类型

float(浮点型)是 Python 基本数据类型中的一种，Python 的浮点数类似数学中的小数和 C 语言中的 double 类型，表示带有小数的数值。

浮点数有两种表示方法：十进制表示和科学技术法表示，如 1.0、2.3、3.14、56e4、12e2。

浮点数和整数在计算机内部存储的方式是不同的，整数运算永远是精确的，然而浮点数的运算则可能会有四舍五入的误差。比如观察以下运算，在数学中很容易得出结果应该是 0.8965，而使用程序运算得出的结果却是 0.8965000000000001。例如：

```
>>> a = 1.25
>>> b = 0.3535
>>> print(a-b)
0.8965000000000001#输出：0.8965000000000001
```

整型和浮点型运算的结果也是浮点型。例如：

```
>>> a = 1
>>> b = 0.25
>>>print(a + b,type(a+b))   #输出：1.25 <class 'float'>
>>>print(a - b,type(a-b))   #输出：0.75 <class 'float'>
>>>print(a * b,type(a*b))   #输出：0.25 <class 'float'>
>>>print(a / b,type(a/b))   #输出：4.0 <class 'float'>
```

3.1.3　复数类型

1. 复数的简要描述

复数类型表示数学中的复数。Python 语言中，复数的虚数部分通过后缀"J"或"j"来表示，如 1.58 + 4j 或 4.87 + 1J。

虚数由实部和虚部两个部分构成：

```
real+imag(虚部后缀为 j 或 J)
```

其中，实数部分和虚数部分都为浮点数。例如，定义一个虚数，分别输出它的实部和虚部：

```
>>> a=4.7+0.666j      #定义一个虚数
>>> print(a)          #输出这个虚数
(4.7+0.666j)
>>> print(a.real)     #输出实部
4.7
>>> print(a.imag)     #输出虚部
0.666
>>> print(a.conjugate())   #输出该复数的共轭复数
(4.7-0.666j)
```

其中，conjugate( )为 complex 类的内置函数，作用为输出复数的共轭复数。

2. complex( )函数

complex()函数用于创建一个复数或者将一个数或字符串转换为复数形式，其返回值为一个复数。该函数的语法如下：

```
class complex(real,imag)
```

其中，real 可以为 int、float 或字符串类型；而 image 只能为 int 或 float 类型。

注意：如果第一个参数为字符串，第二个参数必须省略，若第一个参数为其他类型，则第二个参数可以选择。例如：

```
>>>complex(1, 2)
(1+2j)
>>> complex(1)     # 数字
(1+0j)
>>> complex("1")  # 当作字符串处理
(1+0j)
# 注意：这个地方在"+"号两边不能有空格，也就是不能写成"1 + 2j"，应该是"1+2j"，否则会
     报错
>>> complex("1+2j")
(1+2j)
```

3.1.4　数值内置运算操作符

数值运算操作符如表 3-1 所示。

表 3-1　数值运算操作符

操作符及使用	描　　述
x+y	加，x 与 y 之和
x−y	减，x 与 y 之差
x*y	乘，x 与 y 之积
x/y	除，x 与 y 之商 10/3 结果是 3.333 333 333 333 333 5
x // y	整数除，x 与 y 之整数商，10//3 结果是 3
+x	x 本身
−x	x 的负值
x%y	余数，模运算，10%3 结果是 1
x ** y	幂运算，x 的 y 次幂，x^y

=运算符还可与其他运算符(包括算术运算符、位运算符和逻辑运算符)相结合，扩展成为功能更加强大的赋值运算符，如下所示。扩展后的赋值运算符将使得赋值表达式的书写更加优雅和方便。

Python 扩展赋值运算符如表 3-2 所示。

表 3-2 扩展赋值运算符

运算符	说　明	用法举例	等　价　形　式
=	最基本的赋值运算	x = y	x = y
+=	加赋值	x += y	x = x + y
−=	减赋值	x −= y	x = x − y
*=	乘赋值	x *= y	x = x * y
/=	除赋值	x /= y	x = x / y
%=	取余数赋值	x %= y	x = x % y
**=	幂赋值	x **= y	x = x ** y
//=	取整数赋值	x //= y	x = x // y
&=	按位与赋值	x &= y	x = x & y
|=	按位或赋值	x |= y	x = x | y
^=	按位异或赋值	x ^= y	x = x ^ y
<<=	左移赋值	x <<= y	x = x << y，这里的 y 指的是左移的位数
>>=	右移赋值	x >>= y	x = x >> y，这里的 y 指的是右移的位数

3.1.5　数值内置函数

数值内置函数如表 3-3 所示。

表 3-3　数值内置函数

函数及使用	描　述
abs(x)	绝对值，x 的绝对值 abs(−10.01)结果为 10.01
divmod(x,y)	商余，(x//y, x%y)，同时输出商和余数 divmod(10, 3)结果为(3, 1)
pow(x, y[, z])	幂余，(x**y)%z，[…]表示参数 z 可省略 pow(3, pow(3, 99), 10000)结果为 4587
round(x[, d])	四舍五入，d 是保留小数位数，默认值为 0 round(-10.123, 2)结果为−10.12
max(x1,x2, …,xn)	最大值，返回 x1,x2, …,xn 中的最大值，n 不限 max(1, 9, 5, 4, 3)结果为 9
min(x1,x2, …,xn)	最小值，返回 x1,x2, …,xn 中的最小值，n 不限 min(1, 9, 5, 4, 3)结果为 1
int(x)	将 x 变成整数，舍弃小数部分 int(123.45)结果为 123; int("123")结果为 123
float(x)	将 x 变成浮点数，增加小数部分 float(12)结果为 12.0; float("1.23")结果为 1.23
complex(x)	将 x 变成复数，增加虚数部分 complex(4)结果为 4 + 0j

【例 3-1】　输入任意一个三位整数，请用内置的数值运算操作符输出该数字的个位，十位和百位数字。结果逗号隔开同行输出。

```
m=abs(eval(input("")))
n1=m%10
n2=(m//10)%10
```

```
n3=(m//100)%10
print(n1,n2,n3,sep=",")
```

【例 3-2】 计算三角形面积，从键盘输入 3 个数作为三角形的边长，在屏幕上显示输出由这 3 个边长构成的三角形的面积(保留 2 位小数)。

```
a,b,c = eval(input())
p = (a+b+c)/2
area = pow(p * (p-a)*(p-b)*(p-c),0.5)
print("{:.2f}".format(area))
```

【例 3-3】 商店需要找钱给顾客，现在只有 50 元，5 元和 1 元的人民币若干张。输入一个整数金额值，给出找钱的方案，假设人民币足够多，且优先使用面额大的钱币。

```
money=eval(input())
m50=money//50
m5=(money-m50*50)//5
m1=money-m50*50-m5*5
print("50yuan: ",m50)
print("5yuan: ",m5)
print("1yuan: ",m1)
```

3.1.6　内置类型转换函数

虽然 Python 是弱类型编程语言，不需要像 Java 或 C 语言那样还要在使用变量前声明变量的类型，但在一些特定场景中，仍然需要用到类型转换。

比如说，我们想通过使用 print()函数输出信息"您的身高："以及浮点类型 height 的值，如果在交互式解释器中执行如下代码：

```
>>> height = 70.0
>>> print("您的身高"+height)
Traceback (most recent call last):
  File "<pyshell#1>", line 1, in <module>
    print("您的身高"+height)
TypeError: must be str, not float
```

我们会发现报错，解释器提示我们字符串和浮点类型变量不能直接相连，需要提前将浮点类型变量 heigh 转换为字符串才可以。数字类型的内置类型转换函数如表 3-4 所示。

表 3-4　数值内置函数

函数及使用	描　　述
int(x)	将 x 转换成整数类型
float(x)	将 x 转换成浮点数类型
complex(real，[,imag])	创建一个复数

需要注意的是，在使用类型转换函数时，提供给它的数据必须是有意义的。int()函数无法将一个非数字字符串转换成整数，例如：

```
>>> int("123") #转换成功
123
>>> int("123 个") #转换失败
Traceback (most recent call last):
  File "<pyshell#3>", line 1, in <module>
    int("123 个")
ValueError: invalid literal for int() with base 10: '123 个'
```

3.2　字符串类型

在 Python2 中，普通字符串是以 8 位 ASCII 码进行存储的，而 Unicode 字符串则存储为 16 位 unicode 字符串，这样能够表示更多的字符集。使用的语法是在字符串前面加上前缀 u。

在 Python3 中，所有的字符串都是 Unicode 字符串。

3.2.1　字符串的表示、索引和切片

1. 字符串的表示

字符串是 Python 中最常用的数据类型。我们可以使用引号(单引号、双引号或者三引号)来创建字符串。创建字符串很简单，只要为变量分配一个值即可。例如：

```
>>> var1 = 'Hello World!'
>>> var2 = "Python Runoob"
>>> var3 = '''Hello World!'''
```

在 Python 中提供了这几种方法，使得使用起来更加方便灵活。例如：

```
>>> var4 = '''I said:"Hello World!"'''
```

在这里要注意以下两点：

(1) 在 Python 中没有类似 C 语言中 char 这种类型的字符串，也就是说单字符在 Python 中也是作为一个字符串使用。

(2) Python 中的字符串一旦声明，是不能进行更改的，即不能通过对某一位置重新赋值改变内容。例如：

```
>>> s= 'Hello World!'
>>> s[0]='k'
Traceback (most recent call last):
  File "<pyshell#21>", line 1, in <module>
```

```
    s[0]='k'
TypeError: 'str' object does not support item assignment
```

2. 字符串索引

字符串是字符的有序集合，可以通过其位置来获得具体的元素。在 Python 中，字符串中的字符是通过方括号[]索引来提取的，索引从 0 开始。

Python 可以取负值，表示从末尾提取，最后一个为-1，倒数第二个为-2，即程序认为可以从结束处反向计数。如 str[0]获取第一个元素，str[-2]获取倒数第二个元素。

3. 字符串切片

Python 访问子字符串，可以使用方括号[ ]来截取字符串，字符串截取的语法格式如下：

```
变量[头下标:尾下标]              #尾下标不包括在提取字符串内
```

如果没有指定值，则切片的边界默认为 0 和序列的长度。例如：

```
>>> str='Hello World!'
>>> str[1:3 ]
'el'
>>> str[1:]
'ello World!'
>>> str[:3]
'Hel'
>>> str[:-1]
'Hello World'
>>> str[-3:-1]
'ld'
```

切片的时候还可以增加一个步长，如 str[::2]输出的结果为"HloWrd"。

```
>>> str[::2]
'HloWrd'
>>> str[::-1]
'!dlroW olleH'
>>> str[::-2]
'!lo le'
```

3.2.2　字符串操作符

字符串操作符如表 3-5 所示。表中变量 a 值为字符串"Hello"，变量 b 值为"Python"。

表 3-5　字符串操作符

操作符	描　　述	实　　例
+	字符串连接	a + b 输出结果 HelloPython
*	重复输出字符串	a*2 输出结果 HelloHello
[]	通过索引获取字符串中字符	a[1]输出结果 e
[:]	截取字符串中的一部分,遵循左闭右开原则,str[0:2]是不包含第 3 个字符的	a[1:4]输出结果 ell
in	成员运算符。如果字符串中包含给定的字符返回 True	'H' in a 输出结果 True
not in	成员运算符。如果字符串中不包含给定的字符返回 True	'M' not in a 输出结果 True
r/R	原始字符串。所有的字符串都是直接按照字面的意思来使用,没有转义特殊或不能打印的字符。原始字符串除在字符串的第一个引号前加上字母 r(可以大小写)以外,与普通字符串有着几乎完全相同的语法	print(r'\n') 输出结果为\n print(R'\n') 输出结果为\n

【例 3-4】　字符串操作符使用实例。

```
a = "Hello"
b = "Python"
print("a + b 输出结果: ", a + b)
print("a * 2 输出结果: ", a * 2)
print("a[1] 输出结果: ", a[1])
print("a[1:4] 输出结果: ", a[1:4])
if( "H" in a ) :
    print("H 在变量 a 中")
else :
    print("H 不在变量 a 中")
if( "M" not in a) :
    print("M 不在变量 a 中")
else :
    print("M 在变量 a 中")
print (r'\n')
print (R'\n')
```

以上实例输出结果为:

```
a + b 输出结果: HelloPython
a * 2 输出结果: HelloHello
a[1] 输出结果: e
a[1:4] 输出结果: ell
```

```
H 在变量 a 中
M 不在变量 a 中
\n
\n
```

3.2.3　字符串内置函数

字符串内置函数如表 3-6 所示。

表 3-6　字符串内置函数

方　　法	描　　　　述
len(x)	返回字符串的长度，或者返回组合数据类型元素的个数
str(x)	将 x 转换为字符串
chr(x)	将整数 x 转换为一个字符
ord(x)	将一个字符 x 转换为它对应的整数值
hex(x)	将一个整数 x 转换为一个十六进制字符串
oct(x)	将一个整数 x 转换为一个八进制字符串

chr()函数和 ord()函数的实例如下：

```
>>> ord('A')
65
>>> chr(65)
'A'
>>> ord('我')
25105
>>> chr(25105)
'我'
```

【例 3-5】　恺撒密码是古罗马恺撒大帝用来对军事情报进行加解密的算法，它采用了替换方法将信息中的每一个英文字符循环替换为字母表序列中该字符后面的第三个字符，字母表的对应关系如下：

原文：A B C D E F G H I J K L M N O P Q R S T U V W X Y Z

密文：D E F G H I J K L M N O P Q R S T U V W X Y Z A B C

对于原文字符 P，其密文字符 C 满足 C=(P+3) mod 26。

上述是恺撒密码的加密方法，解密方法反之，即 P=(C−3) mod 26。

假设用户可能使用的输入包含大小写字母 a~z、A~Z、空格和特殊符号，请编写一个程序，对输入字符串进行恺撒密码加密，直接输出结果，其中空格不用进行加密处理。使用 input()获得输入。

```
s = input()
t = ""
```

```
for c in s:
    if 'a' <= c <= 'z':
        t += chr( ord('a') + ((ord(c)-ord('a')) + 3 )%26 )
    elif 'A'<=c<='Z':
        t += chr( ord('A') + ((ord(c)-ord('A')) + 3 )%26 )
    else:
        t += c
print(t)
```

扩展:

　　密码被广泛应用于生活中，特别是军事活动中。古罗马军事统帅恺撒在军队中使用替换加密技术来传递消息，而 Enigma 密码机的破译则加速了二战的结束，中国古代也有很多关于密码应用的记载。

　　早在公元前一千多年，姜子牙凭着满腹韬略辅佐周武王兴周灭商，为中国历史上存在时间最长朝代的建立创下了坚实的基础。据传为姜子牙所著的《六韬》更被誉为是兵家权谋类的始祖。其中姜子牙提出了采用阴符和阴书来进行保密通信。姜子牙以八种不同长短的阴符分别表示八种战局结果，如长一尺的阴符表示大获全胜。只有君王和主将才明白这八种阴符代表的意义，这样敌人就较难识破它。可以看到，阴符可以传递的消息比较少，如果两军要配合出军作战，则可以使用阴书来进行联络军机要情。两军联络时，军情被拆分成三份，三个传令兵各持一份传递，只有合起来才能了解整个军情。阴书可以看作较为典型的秘密分享方案原型。

　　到如今，中国密码学的发展也取得了重大成就。巾帼女英雄-王小云院士的出现，直接把中国的密码学推向了世界领先水平。她提出了密码哈希函数的碰撞攻击理论，即模差分比特分析法；破解了包括 MD5、SHA-1 在内的 5 个国际通用哈希函数算法；将比特分析法进一步应用于带密钥的密码算法包括消息认证码、对称加密算法、认证加密算法的分析，给出系列重要算法 HMAC-MD5、MD5-MAC、Keccak-MAC 等重要分析结果；给出了格最短向量求解的启发式算法二重筛法以及带 Gap 格的反转定理等。在密码设计领域，主持设计的哈希函数 SM3 为国家密码算法标准，在金融、交通、国家电网等重要经济领域广泛使用，并于 2018 年 10 月正式成为 ISO/IEC 国际标准[①]。

　　作为中国人，我们为国家取得的成就而感到骄傲！但同时我们要清醒地认识到，我们有很多领域还不够先进，没有自己的核心技术，甚至还算落后。落后就会受制于他国，甚至挨打。国家的命运与个人的前途休戚相关。因此，大家要有科技报国的家国情怀和使命担当，为相关领域核心技术自主研发和应用贡献自己的一份力量。

---

① 摘自 https://www.tsinghua.edu.cn/info/1167/1258.htm。

3.2.4　字符串内置处理方法

Python 的字符串常用内置处理方法如表 3-7 所示。

表 3-7　字符串内置处理方法

方　　法	描　　述
str.lower()	返回字符串 str 的副本，全部字符小写
str.upper()	返回字符串 str 的副本，全部字符大写
str.islower()	当 str 所有字符都是小写时，返回 True，否则 False
str.isprintable()	当 str 所有字符都是可打印的，返回 True，否则 False
str. isnumeric()	当 str 所有字符都是数字字符时，返回 True，否则 False
str.isspace()	当 str 所有字符都是空格，返回 True，否则 False
str.endswith(suffix[,start[,end]])	判断字符串 str 是否以指定后缀 suffix 结尾，如果以指定后缀结尾返回 True，否则返回 False。可选参数"start"与"end"为检索字符串的开始与结束位置
str.startswith(prefix[, start[, end]])	判断字符串 str 是否以指定的 prefix 开头，如果以指定 prefix 开头返回 True，否则返回 False。可选参数"start"与"end"为检索字符串的开始与结束位置
str.split(sep=None, maxsplit=-1)	返回一个列表，由 str 根据 sep 被分割的部分构成
str.count(sub[,start[,end]])	返回 str[start: end]中 sub 子串出现的次数
str.replace(old,new[, count])	返回字符串 str 的副本，所有 old 子串被替换为 new，如果 count 给出，则前 count 次 old 出现被替换
str.center(width[, fillchar])	字符串居中函数，详见函数定义
str.strip([chars])	移除字符串头尾指定的字符(默认为空格或换行符)或字符序列
str.zfill(width)	返回字符串 str 的副本，长度为 width，不足部分在左侧添 0
str.format()	返回字符串 str 的一种排版格式，后面将详细介绍
str.join(iterable)	将序列中的元素以指定的字符连接生成一个新的字符串

1. endswith 和 startswith 函数

endswith()检查字符串 str 是否以 suffix 结尾，返回布尔值的 True 和 False。suffix 可以

是一个元组(tuple)。可以指定起始 start 和结尾 end 的搜索边界。同理 startswith()用来判断
字符串 str 是否是以 prefix 开头。例如：

```
>>> print('abcxyz'.endswith('xyz'))
True
>>> print('abcxyz'.endswith('xyz',4))# False，因为搜索范围为'yz'
False
>>> print('abcxyz'.endswith('xyz',0,5))# False，因为搜索范围为'abcxy'
False
>>> print('abcxyz'.endswith('xyz',0,6))
True
```

2. split()函数

split()函数的作用是将字符串根据某个分割符(默认空格)进行分割，得到一个类型为列
表(list)的返回值。

```
>>> a = "I LOVE PYTHON"
>>> a.split("")
['I', 'LOVE', 'PYTHON']
```

3. count()函数

count()函数返回字符串 str 中子串 sub 出现的次数，可以指定从哪里开始计算(start)以
及计算到哪里结束(end)，索引从 0 开始计算，不包括 end 边界。

```
>>> print('xyabxyxy'.count('xy'))
3
>>> print('xyabxyxy'.count('xy',1))# 次数 2，因为从 index=1 算起，即从'y'开始查找
2
>>> print('xyabxyxy'.count('xy',1,7))# 次数 1，因为不包括 end，所以查找的范围为
'yabxyx'
1
>>> print('xyabxyxy'.count('xy',1,8))# 次数 2，因为查找的范围为'yabxyxy'
2
```

4. replace()函数

replace()函数将字符串中的子串 old 替换为 new 字符串，如果给定 count，则表示只替
换前 count 个 old 子串。如果 str 中搜索不到子串 old，则无法替换，直接返回字符串 str(不
创建新字符串对象)。例如：

```
>>> print('abcxyzoxy'.replace('xy','XY'))
abcXYzoXY
>>> print('abcxyzoxy'.replace('xy','XY',1))
```

```
abcXYzoxy
>>> print('abcxyzoxy'.replace('mn','XY',1))
abcxyzoxy
```

5. strip()函数

strip()函数在用户输入一些信息的时候非常有用。有的朋友喜欢输入前或结束的时候敲击空格，这些空格是没用的。Python 考虑到有不少人可能有这个习惯，因此，strip()函数就帮助程序员把这些空格去掉。方法是：

(1) str.strip()去掉字符串的左右空格。

(2) str.lstrip()去掉字符串的左边空格。

(3) str.rstrip()去掉字符串的右边空格。

例如：

```
>>> b=" hello "   # 去掉两边空格
>>> b.strip()
'hello'
>>> b.lstrip()   # 去掉左边的空格
'hello '
>>> b.rstrip()   # 去掉右边的空格
' hello'
```

6. join()函数

用"+"能够拼接字符串，但不是什么情况下都能够如愿的。比如，将列表中的每个字符(串)元素拼接成一个字符串，并且用某个符号连接，如果用"+"就比较麻烦了，用字符串的 join 就比较容易实现。

```
>>> b='www.itdiffer.com'
>>> c = b.split(".")
>>> c
['www', 'itdiffer', 'com']
>>> ".".join(c)
'www.itdiffer.com'
>>> "*".join(c)
'www*itdiffer*com'
```

3.2.5　字符串中常见的转义字符

字符串转义字符如表 3-8 所示。

表 3-8 常见的转义字符

转义字符	描 述	实 例
\ (在行尾时)	续行符	>>> print("line1 \ line2") line1 line2
\\	反斜杠符号	>>> print("\\") \
\'	单引号	>>> print("\'") '
\"	双引号	>>> print("\"") "
\000	空	>>> print("\000") >>>
\n	换行	>>> print("\n") >>>
\t	横向制表符	>>> print("Hello \t World!") Hello World!
\yyy	八进制数,y 代表 0~7 的字符。例如, \012 代表换行	>>> print("\110\145\154\154\157") Hello
\xyy	十六进制数,表示以\x 开头 yy 代表 的字符。例如,\x0a 代表换行	>>> print("\x48\x65\x6c\x6c\x6f") Hello

3.2.6 字符串类型的格式化

字符串的格式化方法分为两种,分别为占位符(%)方式和 format 方式。占位符方式在 Python2.x 中用得比较广泛,在 Python3.x 中使用得也越来越广。format 方式的使用也将越来越广泛。本教材主要介绍采用 format 方式对字符串进行格式化。

format 函数可以接受无限个参数,位置可以不按顺序,基本使用格式是:

```
<模板字符串>.format(<逗号分隔的参数>)
```

其中,模板字符串中可以由一个或多个{}组成槽,默认序号从 0 开始,也可以在槽内指定序号,还可以指定多个相同序号来重复输出同一参数。例如:

```
>>> "{}:运动员{}的得分为{}%".format("2021-9-1", "A", 85)
'2021-9-1:运动员 A 的得分为 85%'
>>> "{1}:运动员{0}的得分为{2}%".format("A", "2021-9-1", 85)
'2021-9-1:运动员 A 的得分为 85%'
>>> "{0}对{1}说,来{0}家玩吧".format("刘阿姨", "小明")
'刘阿姨对小明说,来刘阿姨家玩吧'
```

另外,在.format()方法中槽的内部可以对格式化的方式进行配置,配置方式如下:

```
{<参数序号>:<格式控制标记>}
```

其中，格式控制标记如图 3-1 所示。

:	<填充>	<对齐>	<宽度>	< , >	<. 精度>	<类型>
引导 符号	用于填充的 单个字符	< 左对齐 > 右对齐 ^ 居中对齐	槽设定的 输出宽度	数字的 千位分隔符	浮点数小数 精度 或 字符串 最大输出长度	整数类型 b, c, d, o, x, X 浮点数类型 e, E, f, %

图 3-1　格式控制标记

例如：

```
>>> s = "PYTHON"
>>> "{0:30}".format(s)
'PYTHON                        '
>>> "{0:>30}".format(s)
'                        PYTHON'
>>> "{0:*^30}".format(s)
'************PYTHON************'
>>> "{0:-^30}".format(s)
'------------PYTHON------------'
>>> "{0:3}".format(s)
'PYTHON'
>>> "{:,.2f}".format(12345.67890)
'12,345.68'
>>> "{0:H^20.3f}".format(12345.67890)
'HHHHH12345.679HHHHHH'
>>> "{0:.4}".format("PYTHON")
'PYTH'
>>> "{0:b},{0:c},{0:d},{0:o},{0:x},{0:X}".format(425)
'110101001,▨,425,651,1a9,1A9'
```

3.3　布尔数据类型

3.3.1　比较运算符

比较运算符，也称关系运算符，用于对常量、变量或表达式的结果进行大小比较。如果这种比较是成立的，则返回 True(真)，反之则返回 False(假)。比较运算符符号及含义如表 3-9 所示。

表 3-9 比较运算符符号及含义

比较运算符	说　明
>	大于，如果>前面的值大于后面的值，则返回 True，否则返回 False
<	小于，如果<前面的值小于后面的值，则返回 True，否则返回 False
==	等于，如果==两边的值相等，则返回 True，否则返回 False
>=	大于等于，如果>=前面的值大于或者等于后面的值，则返回 True，否则返回 False
<=	小于等于，如果小于或者等于后面的值，则返回 True，否则返回 False
!=	不等于，如果!=两边的值不相等，则返回 True，否则返回 False
is	判断两个变量所引用的对象是否相同，相同则返回 True，否则返回 False
is not	判断两个变量的对象是否不相同，不相同则返回 True，否则返回 False

Python 比较运算符的使用举例如下：

```
print("89 是否大于 100: ", 89 > 100)
print("24*5 是否大于等于 76: ", 24*5 >= 76)
print("False 是否小于 True: ", False < True)
print("True 是否等于 True: ", True == True)
```

运行结果如下：

```
89 是否大于 100:  False
24*5 是否大于等于 76:  True
False 是否小于 True:  True
True 是否等于 True:  True
```

3.3.2 逻辑运算符

高中数学中，我们就学过逻辑运算，例如 p 为真命题，q 为假命题，那么"p 且 q"为假，"p 或 q"为真，"非 q"为真。Python 也有类似的逻辑运算，如表 3-10 所示。

表 3-10 逻辑运算符符号及含义

运算符	含　义	基本格式	说　明
and	逻辑与运算，等价于数学中的"且"	a and b	当 a 和 b 两个表达式都为真时，a and b 的结果才为真，否则为假
or	逻辑或运算，等价于数学中的"或"	a or b	当 a 和 b 两个表达式都为假时，a or b 的结果才是假，否则为真
not	逻辑非运算，等价于数学中的"非"	not a	如果 a 为真，那么 not a 的结果为假；如果 a 为假，那么 not a 的结果为真。相当于对 a 取反

逻辑运算符一般和关系运算符结合使用，例如：

```
14>6 and 45.6 > 90
```

14>6 结果为 True，成立，45.6>90 结果为 False，不成立，所以整个表达式的结果为 False，即不成立。

再看一个比较实用的例子。

```
age = int(input("请输入年龄："))
height = int(input("请输入身高："))
if age>=18 and age<=30 and height >=170 and height <= 185 :
    print("恭喜，你符合报考飞行员的条件")
else:
    print("抱歉，你不符合报考飞行员的条件")
```

可能的运行结果如下：

```
请输入年龄：23✓
请输入身高：178✓
恭喜，你符合报考飞行员的条件
```

3.3.3　成员运算符

Python 成员运算符测试给定值是否为序列中的成员，如字符串、列表或元组。Python 中有两个成员运算符，如表 3-11 所示。

表 3-11　成员运算符符号及含义

运算符	描述
in	如果在指定的序列中找到一个变量的值，则返回 true，否则返回 false
not in	如果在指定序列中找不到变量的值，则返回 true，否则返回 false

成员运算符使用实例如下：

```
a = 10
b = 2
list = [1, 2, 3, 4, 5 ]
if ( a in list ):
  print ("Line 1 - a is available in the given list")
else:
  print ("Line 1 - a is not available in the given list")
if ( b not in list ):
  print ("Line 2 - b is not available in the given list")
else:
  print ("Line 2 - b is available in the given list")
```

运行结果如下：

```
Line 1 - a is not available in the given list
Line 2 - b is available in the given list
```

3.3.4 同一性运算符

Python 中对象包含的三个基本要素，分别是：id(身份标识)、Python type()(数据类型)和 value(值)。

is 也被叫作同一性运算符，这个运算符比较判断的是对象间的唯一身份标识，用来比较两个标识符是否引用同一个对象，也就是 id 是否相同，如表 3-12 所示。

表 3-12   同一性运算符符号及含义

运算符	描　　述
is	用来比较两个标识符是否引用的同一个对象(本质就是比较 id)
is not	is not 是判断两个标识符是不是引用不同对象

初学 Python，大家可能对 is 比较陌生，很多人会误将它和 == 的功能混为一谈，但其实 is 与 == 有本质上的区别，完全不是一码事儿。== 用来比较两个变量的值是否相等，而 is 则用来比对两个变量引用的是否是同一个对象。例如：

```
import time   #引入 time 模块
t1 = time.gmtime() # gmtime()用来获取当前时间
t2 = time.gmtime()
print(t1 == t2) #输出 True
print(t1 is t2) #输出 False
```

运行结果如下：

```
True
False
```

time 模块的 gmtime()方法用来获取当前的系统时间，精确到秒级，因为程序运行非常快，所以 t1 和 t2 得到的时间是一样的。== 用来判断 t1 和 t2 的值是否相等，所以返回 True。

虽然 t1 和 t2 的值相等，但它们是两个不同的对象(每次调用 gmtime()都返回不同的对象)，所以 t1 is t2 返回 False。

那么，如何判断两个对象是否相同呢？其答案是判断两个对象的内存地址。如果内存地址相同，说明两个对象使用的是同一块内存，当然就是同一个对象了。

通过下面几个列表间的比较，进一步介绍 is 同一性运算符的工作原理。

```
>>> x = y = [4,5,6]
>>> z = [4,5,6]
>>> x == y
True
>>> x == z
True
>>> x is y
True
```

```
>>> x is z
False
>>> print (id(x))
3075326572
>>> print( id(y))
3075326572
>>> print( id(z))
3075328140
```

前三个例子都是 True，为什么最后一个是 False 呢？x、y 和 z 的值是相同的，所以前两个是 True 没有问题。至于最后一个为什么是 False，看看三个对象的 id 分别是什么就明白了。

总结一下，==比较操作符用来比较两个对象是否相等，value 作为判断因素；is 同一性运算符用于比较判断两个对象是否相同，id 作为判断因素。

3.3.5 位运算符

Python 位运算按照数据在内存中的二进制位(Bit)进行操作，它一般用于底层开发(算法设计、驱动、图像处理等)，在应用层开发(Web 开发、Linux 运维等)中并不常见。

Python 位运算符只能用来操作整数类型，它按照整数在内存中的二进制形式进行计算。Python 支持的位运算符如表 3-13 所示。

表 3-13 位运算符符号及含义

位运算符	说　明	使用形式	举　　例
&	按位与	a & b	4 & 5
|	按位或	a | b	4 | 5
^	按位异或	a ^ b	4 ^ 5
~	按位取反	~a	~4
<<	按位左移	a << b	4 << 2，表示整数 4 按位左移 2 位
>>	按位右移	a >> b	4 >> 2，表示整数 4 按位右移 2 位

例如，9&5 可以转换成如下的运算：

```
  0000 0000 -- 0000 0000 -- 0000 0000 -- 0000 1001  (9 在内存中的存储)
& 0000 0000 -- 0000 0000 -- 0000 0000 -- 0000 0101  (5 在内存中的存储)
---------------------------------------------------------------
  0000 0000 -- 0000 0000 -- 0000 0000 -- 0000 0001  (1 在内存中的存储)
```

&运算符会对参与运算的两个整数的所有二进制位进行&运算，9&5 的结果为 1。

又如，-9&5 可以转换成如下的运算：

```
  1111 1111 -- 1111 1111 -- 1111 1111 -- 1111 0111  (-9 在内存中的存储)
& 0000 0000 -- 0000 0000 -- 0000 0000 -- 0000 0101  (5 在内存中的存储)
---------------------------------------------------------------
```

```
0000 0000 -- 0000 0000 -- 0000 0000 -- 0000 0101  (5 在内存中的存储)
```

-9&5 的结果是 5。

3.3.6 常用运算符的优先级别和结合性

所谓优先级，就是当多个运算符同时出现在一个表达式中时先执行哪个运算符。

例如，对于表达式 a + b * c，Python 会先计算乘法，再计算加法，b * c 的结果为 8，a + 8 的结果为 24，所以 d 最终的值也是 24。先计算*，再计算+，说明*的优先级高于+。

Python 支持几十种运算符，被划分成将近二十个优先级，有的运算符的优先级不同，有的运算符的优先级相同，如表 3-14 所示。

表 3-14　常用运算符的优先级别和结合性

运算符说明	Python 运算符	优先级	结合性	优先级顺序
小括号	( )	19	无	高
索引运算符	x[i] 或 x[i1: i2 [:i3]]	18	左	↑
属性访问	x.attribute	17	左	
乘方	**	16	右	
按位取反	~	15	右	
符号运算符	+(正号)、-(负号)	14	右	
乘除	*、/、//、%	13	左	
加减	+、-	12	左	
位移	>>、<<	11	左	
按位与	&	10	右	
按位异或	^	9	左	
按位或			8	左	
比较运算符	= =、!=、>、>=、<、<=	7	左	
is 运算符	is、is not	6	左	
in 运算符	in、not in	5	左	
逻辑非	not	4	右	
逻辑与	and	3	左	
逻辑或	or	2	左	
逗号运算符	exp1, exp2	1	左	低

按照表 3-14 中的运算符优先级，我们尝试分析下面表达式的结果：

```
4+4<<2
```

+的优先级是 12，<<的优先级是 11，+的优先级高于<<，所以先执行 4 + 4，得到结果 8，再执行 8<<2，得到结果 32，这也是整个表达式的最终结果。

3.4　类型判断

在 Python 中可以使用 isinstance()函数来判断数据类型。isinstance()函数用来判断一个对象是否是一个已知的类型，类似于 type()，它们之间是有区别的，区别如下：type()不认为子类是一种父类类型，不考虑继承关系；isinstance()认为子类是一种父类类型，考虑继承关系。

如果要判断两个类型是否相同，推荐使用 isinstance()。

isinstance() 方法的语法格式如下：

```
isinstance(object, classinfo)
```

其中，参数 object 为实例对象，参数 classinfo 是直接或间接类名、基本类型或者由它们组成的元组。

如果对象的类型与第二个参数的类型(classinfo)相同，则返回 True，否则返回 False。下面是使用 isinstance 函数的实例：

```
>>>a = 2
>>> isinstance (a,int)
True
>>> isinstance (a,str)
False
>>> isinstance (a,(str,int,list)) # a 是元组中的一个，返回 True
True
```

下面对 type()与 isinstance()的使用作以比较，它们之间是有区别的。

```
>>> class A:
    pass
>>> class B(A):
    pass
>>> isinstance(A(), A)
    True
>>> type(A()) == A
    True
>>> isinstance(B(), A)
    True
>>> type(B()) == A
    False
```

3.5　math 库的使用

math 库是 Python 进行数学计算的标准函数库，math 库共提供了 4 个数学常数和 44

个函数。由于复数类型常用于科学计算，一般计算中并不常用，因此 math 库不支持复数
类型，仅支持整数和浮点数运算。

3.5.1　math 函数库中的数学常数

math 库的数学常数如表 3-15 所示。

表 3-15　常用数学常数

常数	数学表示	描　述
math.pi	π	圆周率，值为 3.141 592 653 589 793
math.e	e	自然对数，值为 2.718 281 828 459 045
math.inf	∞	正无穷大，负无穷大为 −math.inf
math.nan		非浮点数标记，NaN

3.5.2　math 函数库中的常用函数

math 库的常用数值表示函数如表 3-16 所示。

表 3-16　常用数值表示函数

函　数	描　述
math.fabs(x)	返回 x 的绝对值
math.fmod(x, y)	返回 x 与 y 的模
math.ceil(x)	向上取整，返回不小于 x 的最小整数
math.floor(x)	向下取整，返回不大于 x 的最大整数
math.factorial(x)	返回 x 的阶乘如果 x 是小数或者负数，返回 ValueError
math.gcd(a, b)	返回 a 与 b 的最大公约数
math.modf(x)	返回 x 的小数和整数部分
math.trunc(x)	返回 x 的整数部分
math.isfinite(x)	x 为无穷大，返回 True，否则 False
math.isinf(x)	x 为正数或负数无穷大，返回 True，否则 False
math.isnan(x)	x 为 NaN，返回 True，否则 False

math 库的幂对数函数如表 3-17 所示。

表 3-17　幂对数函数

函　数	描　述
math.pow(x, y)	返回 x 的 y 次幂
math.exp(x)	返回 e 的 x 次幂
math.expm1(x)	返回 e 的 x 次幂减 1
math.sqrt(x)	返回 x 的平方根
math.log(x[,base])	返回 x 的对数值，只输入 x 时返回自然对数，即 lnx
math.log1p(x)	返回 1+x 的自然对数值
math.log2(x)	返回 x 的以 2 为底的对数值
math.log10(x)	返回 x 的以 10 为底的对数值

math 库的三角运算函数如表 3-18 所示。

表 3-18　常用三角运算函数

函　　数	描　　述
math.sin(x)	返回 x (弧度值)的正弦函数值
math.cos(x)	返回 x (弧度值)的余弦函数值
math.tan(x)	返回 x (弧度值)的正切函数值
math.asin(x)	返回 x (弧度值)的反正弦函数值
math.acos(x)	返回 x (弧度值)的反余弦函数值
math.atan(x)	返回 x (弧度值)的反正切函数值
math.atan2(y, x)	返回 y/x (弧度值)的反正切函数值
math.sinh(x)	返回 x 的双曲正弦函数值
math.cosh(x)	返回 x 的双曲余弦函数值
math.tanh(x)	返回 x 的双曲正切函数值
math.asinh(x)	返回 x 的反双曲正弦函数值
math.acosh(x)	返回 x 的反双曲余弦函数值
math.atanh(x)	返回 x 的反双曲正切函数值

math 库的高等特殊函数如表 3-19 所示。

表 3-19　所高等特殊函数

函　　数	描　　述
math.erf(x)	返回 x 的高斯误差函数，应用于概率论、统计学等领域
math.erfc(x)	返回 x 的余补高斯误差函数，math.erfc(x) = 1 − math.erf(x)
math.gamma(x)	返回 x 的伽马函数，也叫欧拉第二积分函数
math.lgamma(x)	返回 ln(gamma(x))

3.5.3　math 函数库应用举例

使用 math 库前，用 import 导入该库：

```
>>> import math
```

取大于等于 x 的最小的整数值，如果 x 是一个整数，则返回 x。例如：

```
>>> math.ceil(4.12)
5
```

求 x 的余弦，x 必须是弧度：

```
>>> math.cos(math.pi/4)
0.7071067811865476
```

把 x 从弧度转换成角度：

```
>>> math.degrees(math.pi/4)
45.0
```

exp()返回 math.e(其值为 2.718 28)的 x 次方。例如：

```
>>> math.exp(2)
7.38905609893065
```

floor()取小于等于 x 的最大的整数值，如果 x 是一个整数，则返回自身。例如：

```
>>> math.floor(4.999)
4
```

fmod()得到 x/y 的余数，其值是一个浮点数。例如：

```
>>> math.fmod(20,3)
2.0
```

返回 x 和 y 的最大公约数：

```
>>> math.gcd(8,6)
2
```

返回 x(x 为弧度)的正切值：

```
>>> math.tan(math.pi/4)
0.9999999999999999
```

3.6　应用实例：学生成绩的处理

从键盘输入学生的学号，姓名，数据结构、操作系统、数据库原理的成绩，输出显示学生信息及成绩的平均分和总分。

```
no=input("输入学号： ")
name=input("输入姓名： ")
score1,score2,score3= eval(input("输入数据结构,操作系统,数据库原理成绩： "))
score=(score1,score2,score3)
print("学号:{},姓名:{},数据结构:{},操作系统:{},数据库原理:{}".format(no,name,
score1,score2,score3))
print("总成绩为： {}，平均分为： {}".format(sum(score),sum(score)/len(score)))
```

运行结果如下：

> 输入学号：1820410101
>
> 输入姓名：张九林
>
> 输入数据结构，操作系统，数据库原理成绩：80，90，85
>
> 学号：1820410101，姓名：张九林，数据结构：80，操作系统：90，数据库原理：85
>
> 总成绩为：255，平均分为：85.0

本 章 小 结

本章先向读者介绍说明了 Python 基本数据类型的概念，通过示例向读者展现出 Python 程序的简单编写过程，详细介绍了数字类型、字符串类型、布尔类型的含义及应用，深入讲解了 Python 中类型的判断以及 Python 中常用的 math 库函数，最后展示了学生成绩处理实例程序。

习　　题

1. 获得用户输入的一个正整数，输出该数字对应的中文字符表示。0 到 9 对应的中文字符分别是零、一、二、三、四、五、六、七、八、九。

2. 获得用户输入的一个数字，可能是整数或浮点数 a，计算 a 的三次方值，并打印输出。输出结果的宽度为 20 个字符，居中，多余字符采用减号(-)填充。如果结果超过 20 个字符，则以结果宽度为准。

3. 已知变量 s="学而时习之，不亦说乎？有朋自远方来，不亦乐乎？人不知而不愠，不亦君子乎？"，编程统计并输出字符串 s 中汉字和标点符号的个数。

4. 从键盘输入 3 个数作为三角形的边长，在屏幕上显示输出由这 3 个边长构成的三角形的面积(保留 2 位小数)。

5. 从键盘获得输入正整数 N，反转输出该正整数，不考虑异常情况。

第 4 章　程序控制结构

4.1　程序流程描述

4.1.1　算法与程序控制结构

计算机在解决具体问题时，是按照程序员事先安排好的步骤进行的。计算机解决问题的步骤通常称之为算法。程序员用编程语言将算法具体实现，就是程序。程序员在描述算法或编程实现算法时，通常用到三种程序控制结构：

(1) 顺序结构：按顺序执行某个过程。比如，依次输入 3 个数，求平均值。

(2) 分支结构：根据条件做不同的处理。比如，判断某整数是奇数还是偶数。

(3) 循环结构：重复执行某个过程。比如，求正整数 1 至 n 的累加和。

一个算法(程序)不管有多复杂，都可以由这三种结构组成。一个算法(程序)从总体上看是顺序结构(从开始执行到结束)，在这个过程中可能会包含分支结构和循环结构，而每种结构又可以根据需要包含其他结构，构成复杂的嵌套结构。

4.1.2　程序流程图

程序员在正式编程实现算法之前，往往要先将算法描述清楚，这样编程会更加清楚和简单。算法描述可以用多种方法，本教材主要介绍程序流程图。

程序流程图简单直观，是描述算法的有力工具。程序流程图分为传统流程图和 N-S 流程图两种。本教材主要介绍传统流程图(后面提到的流程图都是指传统流程图)。传统流程图的主要符号如表 4-1 所示。

表 4-1　流程图符号

名　称	符　号	功　能　描　述
起止框		表示开始或结束
输入/输出框		用于输入/输出数据
判断框		用于表示条件判断

名称	符号	功 能 描 述
处理框		用于处理数据，比如运算
流程线	↓ →	表示程序流程的方向，注意不能有斜线
连接点	◯	当流程图太大，需要分几部分表示，连接点将这几部分连接起来

三种程序控制结构用流程图示例如下：

(1) 顺序结构如图 4-1 所示。

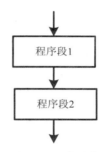

图 4-1　顺序结构

(2) 分支结构如图 4-2 所示。

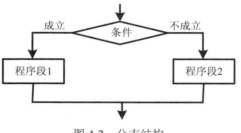

图 4-2　分支结构

(3) 循环结构如图 4-3 所示。

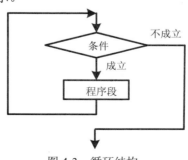

图 4-3　循环结构

4.1.3 流程图描述工具 Raptor

1. Raptor 介绍

Raptor(the Rapid Algorithmic Prototyping Tool for Ordered Reasoning，用于有序推理的快速算法原型工具)是一种基于流程图仿真的可视化的程序设计环境，为程序和算法设计的基础课程的教学提供了实验环境。在正式编写程序之前，用 Raptor 先将算法画出流程图并验证，可以大大降低编程的难度，提高程序的正确率。Raptor 的特点如下：

(1) 直观易用，容易掌握。

(2) 可以在最大限度减少语法要求的情形下，帮助用户编写正确的程序指令。

(3) 程序就是流程图，可以逐个执行图形符号，以便帮助用户跟踪指令流执行过程。

(4) 用 Raptor 可以进行算法设计和验证，从而使初学者有可能理解和真正掌握程序设计。

2. Raptor 运行界面

Raptor 软件运行时，其界面左边上部是流程图基本符号区，下部是流程图运行时变量显示区，右边是流程图区域(设计和运行都在这个区域)，流程图运行时还能显示相应的对话框，如图 4-4 所示。

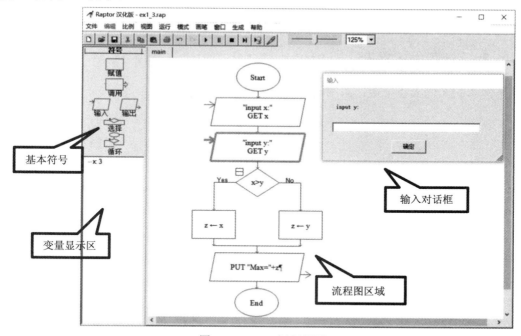

图 4-4　Raptor 运行界面

3. Raptor 的基本使用

Raptor 中流程图的符号与传统流程图的符号基本一致。画流程图的基本方法非常简单：根据流程图中的出现顺序，将相应的基本流程图符号用鼠标拖曳到流程图区域并做简单的设置，所有的符号设置好并按顺序有机连接，这样就完成了流程图设置。每个符号的设置界面都有简单提示。在设置的时候需要用到基本的语法，比如变量、运算符、表达式和赋值等，大部分与 Python 语言类似，读者可以自行查找参考资料学习。请注意，该软件不支持中文字符串和变量。图 4-5 所示为设置赋值的对话框。

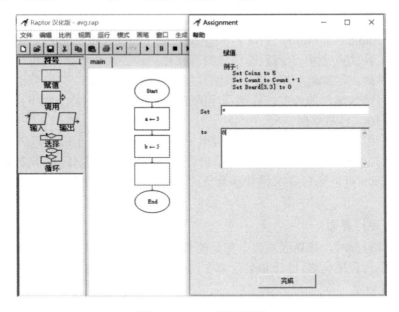

图 4-5　Raptor 设计界面

4.1.4　程序流程描述案例

【例 4-1】　输入 3 个数，求平均值，如图 4-6 所示。

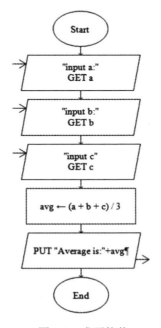

图 4-6　求平均值

【例 4-2】　输入两个数，找出最大值，如图 4-7 所示。

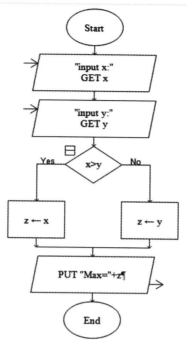

图 4-7　找最大值

【例 4-3】　输入 1 个年份，判断是否是闰年(闰年的条件：年份能被 4 整除但不能被 100 整除，或者能被 400 整除)，如图 4-8 所示。

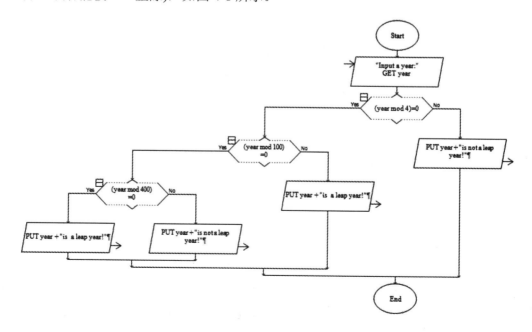

图 4-8　判断闰年

【例 4-4】 输入 1 个正整数，判断它是否为素数(素数是指除了 1 和本身之外，不能被任何数整除的数)，如图 4-9 所示。

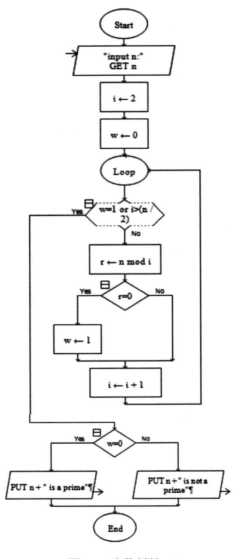

图 4-9 素数判断

4.2 分支结构

计算机在处理复杂问题时，往往需要对给定的条件进行判断，然后根据判断的结果进行相应的处理，这在编程中就需要用分支结构语句来实现。根据问题的复杂程度，在 Python 中，我们可以选用单分支语句、二分支语句和多分支语句。

4.2.1　单分支 if 语句

Python 中单分支 if 语句的格式如下：

```
if <条件表达式>:
    代码块
```

if 语句首先判断条件表达式是否成立，也就是计算条件表达式的值，如果值为 True，表示条件表达式成立；如果值为 False，表示条件表达式不成立。当条件表达式成立时，执行代码块，否则什么也不做。这里代码块有可能是一条或多条语句，并且注意要采用缩进格式，条件表达式后面的冒号不要遗漏。

【例 4-5】　输入 1 个数，判断它是否为奇数。

思路：用这个数对 2 求余，根据余数判断该数是否为奇数。

```
num = int(input("输入一个数字: "))
if (num % 2) == 1:
    print("{0} 是奇数".format(num))
```

【例 4-6】　输入 3 个数，找出最大值。

思路：最大数必定同时大于或等于其他两个数，把所有情况都列举出来。

```
Num1 = int(input("请输入数字 Num1:"))
Num2 = int(input("请输入数字 Num2:"))
Num3 = int(input("请输入数字 Num3:"))
if (Num1 >= Num2 and Num1 >= Num3):
    print("最大值为 Num1", Num1)

if (Num2 >= Num1 and Num2 >= Num3):
    print("最大值为 Num2", Num2)

if (Num3 >= Num1 and Num3 >= Num2):
    print("最大值为 Num3", Num3)
```

【例 4-7】　输入三角形 3 条边长 a、b、c，如果能组成三角形，则计算三角形的面积。

思路：根据任意两边之和大于第三边的要求，判断 a、b、c 是否能组成三角形，同时 a、b、c 必须大于 0，另外注意代码块的缩进。

```
import math
a = float(input("输入三角形边长 a: "))
b = float(input("输入三角形边长 b: "))
c = float(input("输入三角形边长 c: "))
if (a > 0 and b > 0 and c > 0 and a+b > c and a+c > b and b+c > a):
    s = (a+b+c)/2
    area = math.sqrt(s*(s-a)*(s-b)*(s-c))
    print("面积为: {:.2f}".format(area))
```

4.2.2　二分支 if 语句

Python 中二分支 if 语句的格式如下：

```
if <条件表达式>:
    代码块 1
else
    代码块 2
```

二分支 if 语句首先判断条件表达式是否成立，也就是计算条件表达式的值，如果值为 True，表示条件表达式成立；如果值为 False，表示条件表达式不成立。当条件表达式成立时，执行代码块 1，否则执行代码块 2。这里代码块 1 和代码块 2 有可能是一条或多条语句，并且注意编写时要采用缩进格式，条件表达式和 else 后面的冒号不要遗漏。

【例 4-8】　输入 1 个数，判断它是奇数还是偶数。

思路：通过这个数对 2 求余，根据余数判断该数是奇数还是偶数。

```
num = int(input("输入一个数字: "))
if (num % 2) == 0:
    print("{0} 是偶数".format(num))
else:
    print("{0} 是奇数".format(num))
```

【例 4-9】　输入 3 个数，找出最大值。

思路：先找出前两个数中较大的那个数，再跟第 3 个数进行比较，从而确定最大值。

```
Num1 = int(input("请输入数字 Num1:"))
Num2 = int(input("请输入数字 Num2:"))
Num3 = int(input("请输入数字 Num3:"))
if (Num1 >= Num2):
    Max = Num1
else:
    Max = Num2

if (Max <= Num3):
    Max = Num3
print("最大值为:", Max)
```

4.2.3　多分支 if 语句

Python 中多分支 if 语句的格式如下：

```
if 条件表达式 1:
    代码块 1
elif 条件表达式 2:
```

```
        代码块 2
elif 条件表达式 3:
        代码块 3
    …
elif 条件表达式 n-1:
        代码块 n-1
else:
        代码块 n
```

多分支 if 语句依次判断条件表达式 1 至条件表达式 n-1 是否成立，只要有一个成立，则执行对应的代码块，否则执行代码块 n。这里代码块 1 至代码块 n 有可能是一条或多条语句，并且注意要采用缩进格式，条件表达式和 else 后面的冒号不要遗漏。

【例 4-10】　输入学生百分制的成绩 score，将它转化为五级制 grade(score>=90,grade 为"优"；80<=score<90,grade 为"良"；70<=score<80,grade 为"中"；60<=score<70,grade 为"及格"；score<60,grade 为"不及格"）。

思路：根据给定的等级条件利用多分支 if 语句依次判断，注意条件判断的顺序很重要。

方法 1：

```python
score = int(input("请输入学生成绩: "))
if (score >= 90):
    grade = "优"
elif (score >= 80):
    grade = "良"
elif (score >= 70):
    grade = "中"
elif (score >= 60):
    grade = "及格"
else:
    grade = "不及格"
print("该学生的成绩等级为: ", grade)
```

方法 2：

```python
score = int(input("请输入学生成绩: "))
if (score < 60):
    grade = "不及格"
elif (score < 70):
    grade = "及格"
elif (score < 80):
    grade = "中"
elif (score < 90):
    grade = "良"
else:
```

```
    grade = "优"
print("该学生的成绩等级为: ", grade)
```

想一想：如果从 score>=70 这个条件开始判断，程序该怎么写？

4.2.4　if 语句的嵌套

在前面介绍的 3 种 if 语句中，代码块也可以是 if 语句，所以这 3 种 if 语句可以互相嵌套，构成 if 语句的嵌套结构。嵌套结构在做复杂条件判断时经常用到，使用时要注意嵌套 if 语句的缩进和对齐。

例如，在单分支的 if 语句中嵌套二分支 if 语句，形式如下：

```
if 条件表达式 1:
    if 条件表示式 2:
        代码块 1
    else:
        代码块 2
```

又比如，在二分支 if 语句中嵌套二分支 if 语句，形式如下：

```
if 条件表示式 1:
    if 条件表达式 2:
        代码块 1
    else:
        代码块 2
else:
    if 条件表达式 3:
        代码块 3
    else:
        代码块 4
```

【例 4-11】　输入 3 个数，找出其中的最大值。

思路：先比较前两个数的大小，再根据比较结果与第 3 个数进行比较，然后确定最大值。

```
Num1 = int(input("请输入数字 Num1:"))
Num2 = int(input("请输入数字 Num2:"))
Num3 = int(input("请输入数字 Num3:"))
if (Num1 >= Num2):
    if (Num1 >= Num3):
        Max = Num1
    else:
        Max = Num3
else:
    if (Num2 >= Num3):
```

```
            Max  =  Num2
        else:
            Max  =  Num3

    print("最大值为:", Max)
```

【例 4-12】　输入年份，判断是否为闰年(闰年的条件：年份能被 4 整除但不能被 100 整除，或者能被 400 整除)。

思路：闰年的判断涉及 3 个判断：年份能被 4 整除、年份不能被 100 整除、年份能被 400 整除。首先我们要搞清楚这 3 个判断之间的关系，然后使用 if 语句从任意一个判断开始，根据判断结果再使用嵌套的 if 语句进行判断，最终确定该年份是否为闰年。这里我们从年份能被 4 整除开始判断。

```
year = int(input("请输入年份:"))
if (year % 4 == 0):
    if (year % 100 == 0):
        if (year % 400 == 0):
            print("是闰年")
        else:
             print("不是闰年")
    else:
        print("是闰年")
else:
    print("不是闰年")
```

4.2.5　分支结构案例

【例 4-13】　输入学生百分制的成绩 score，将它转化为五级制 grade(转换要求同例 4-10)。

思路：我们从 score≥70 这个条件开始判断，根据判断结果再分别使用嵌套的 if 语句继续判断，直到所有情况分清楚为止。

```
score = int(input("请输入学生成绩："))
if (score >= 70):
    if (score >= 80):
        if (score >= 90):
            grade = "优"
        else:
            grade = "良"
    else:
        grade = "中"
else:
```

```
    if (score >= 60):
        grade = "及格"
    else:
        grade = "不及格"
print("该学生的成绩等级为：", grade)
```

【例 4-14】 设计一个石头剪刀布的小游戏。从键盘分别输入计算机和人出的手势情况(石头、剪刀和布，分别输入名称即可)，然后程序判定谁赢了。

思路：先判定平局的情况，然后根据人出的手势情况(3 种)与计算机出的情况进行比较，判定输赢。这里我们需要用到多分支的 if 语句嵌套二分支的 if 语句。

```
man = input("请输你的手势(石头、剪刀或布): ")
computer = input("请输计算机的手势(石头、剪刀或布): ")
print(((((('你出了' + man) + ', 计算机出了') + computer) + ', '))
if (man == computer):
    print('平局! ')
elif (man == '石头'):
    if (computer == '剪刀'):
        print('你赢了! ')
    else:
        print('计算机赢了! ')
elif (man == '布'):
    if (computer == '石头'):
        print('你赢了')
    else:
        print('计算机赢了! ')
elif (man == '剪刀'):
    if (computer == '布'):
        print('你赢了')
    else:
        print('计算机赢了! ')
else:
    print('你们出错了吧! 只能出"石头""剪刀"或"布"! ')
```

4.3　循　环　结　构

我们用计算机解决问题时，可能需要多次重复执行某一个有规律的过程，这个比较适合用循环结构来处理。根据重复执行次数的确定性，循环结构可以分为循环次数确定的循环和循环次数不确定的循环。Python 语言用 for 语句处理循环次数确定的循环，用 while

语句处理循环次数不确定的循环。

4.3.1　for 语句

for 语句又称为遍历循环语句，它的基本使用格式如下：

```
for 循环变量 in 遍历结构：
    代码块
```

for 语句执行次数是由遍历结构中元素的个数来确定的。当 for 语句执行时，循环变量依次取遍历结构中每一个元素的值(这就是遍历的含义)，然后执行代码块，代码块又叫循环体，可能是一条语句或多条语句，要注意缩进对齐。

遍历结构可以是字符串、range()函数、组合数据或文件等，本章先介绍字符串、range()函数作为遍历结构。

1. 字符串作为遍历结构

【例 4-15】　输入一串字符串，统计其中大写字母的个数

```
str = input("请输入一串字符串：")
count = 0
for s in str:
    if s.isupper():
        count = count+1
print("大写字母的个数：", count)
```

2. range()函数作为遍历结构

range()函数可以通过 3 种方式产生遍历序列。

(1) range(n)：可以产生序列 0，1，2，3，…，n-1。例如，range(10)产生序列 0，1，2，3，…，9。

(2) range(m，n)：可以产生序列 m，m+1，m+2，…，n-1。例如，range(1，11)产生序列 1，2，3，4，…，10。当 m≥n 的时候，序列为空。

(3) range(m，n，d)：可以产生序列 m，m+d，m+2d，…，按步长 d 递增，如果 d 为负，则递减，直至那个最接近但不等于 n 的值。因此，range(1，12，2)表示 1 到 11 之间的奇数，依次递增；range(11，0，-2)表示 11 到 1 之间的奇数，依次递减。

【例 4-16】　输入正整数 n，求 1 到 n 之间所有的整数和。

思路：根据输入的正整数 n，调用 range 函数产生遍历序列，用 for 语句实现。

```
n = int(input("请输入正整数 n："))
sum = 0
for i in range(1, n+1):
    sum = sum + i
print("sum=", sum)
```

【例 4-17】　输入正整数 n，求 1 到 n 之间所有的能被 3 整除的偶数和。

思路：根据输入的正整数 n，调用 range 函数产生偶数序列，再看 for 语句中判断序列

中的每个数是否能被 3 整除。

```
n = int(input("请输入正整数 n: "))
sum = 0
for i in range(2, n+1, 2):
    if (i % 3) == 0:
        sum = sum + i
print("sum=", sum)
```

4.3.2　while 语句

有时在设计循环时，循环的次数并不明确，但是循环的条件比较明确，这时候适合用 while 语句来实现。while 语句的格式如下：

```
while 条件表达式:
    代码块
```

while 语句用条件表达式来控制循环，当条件表达式的值为 True 时，执行代码块，直到条件表达式的值为 False，结束循环。这里的代码块又叫循环体，可能是一条语句或多条语句，要注意缩进对齐。用 while 语句设计程序时，要找到一个合适的条件表达式，使得循环能够运转起来。在代码块中，一般要有能够使条件表达式的值趋向于 False 的语句，这样循环才会结束。

【例 4-18】　输入正整数 n，求 1 到 n 之间所有的整数和。

思路：根据输入的正整数 n，设计合适的循环条件表达式，用 while 语句实现。

```
n = int(input("请输入正整数 n: "))
sum = 0
i = 1
while i <= n:
    sum = sum + i
    i = i + 1
print("sum=", sum)
```

【例 4-19】　输入 n 个整数，找出最大值。

思路：假设输入的第一个数是最大值 Max，后面输入的 n-1 个数依次与 Max 比较，如果比 Max 大，就把它赋值给 Max。

```
n = int(input("请输入整数 n: "))
Max = int(input("请输入第 1 个整数："))
i = 2
while(i <= n):
    print("请输入第", i, "个整数: ", end='')
    num = int(input())
    if num > Max:
```

```
        Max = num
    i = i+1
print("最大为: ", Max)
```

4.3.3　break 和 continue 语句

正常的循环语句，一旦开始执行，整个循环语句要完整的执行一遍，才能结束。在实际编程中，为了提高效率或者控制的需要，可能需要去改变正常的循环流程，比如，提前结束循环或者提前进入下一次循环。break 和 continue 用于改变正常的循环流程，break 用于提前结束循环，continue 用于结束本次循环，提前进入下一次循环。break 和 continue 在控制循环时，只能出现在循环体中，通常与 if 语句将二者结合起来使用，表示在满足一定条件的情况下，改变循环的流程。

【例 4-20】　判断正整数 n(n≥2)是否为素数(方法 1)。

思路：根据素数的定义，设计循环，取 2 到 n/2 之间所有的数，用 n 来整除，只要找到一个能被整除的数，就结束循环，然后判断循环是否是正常结束的，以此来判断 n 是否为素数。

```
n = int(input("请输入一个正整数 n(n>=2):"))
i = 2
while i <= int(n/2):
    if n % i == 0:
        break
    i = i+1
if i > int(n/2):
    print(n, "是素数")
else:
    print(n, "不是素数")
```

【例 4-21】　判定正整数 n 是否为完数(如果一个数恰好等于它的真因子之和，则称该数为完数。例如，6 是完数，6=1+2+3)。

思路：根据完数的定义，设计循环，取 1 到 n/2 之间所有的数，用 n 来整除，如果能被整除，就累加起来，最后判断累加和与 n 是否相等，以此来判断 n 是否为完数。

```
n = int(input("请输入一个正整数 n:"))
sum = 0
i = 1
while i <= int(n/2):
    if n % i != 0:
        i = i+1
        continue
    sum = sum+i
    i = i+1
```

```
if sum == n:
    print(n, "是完数")
else:
    print(n, "不是完数")
```

4.3.4　循环语句中的 else 子句

通过前面的介绍我们知道,循环结束有两种方式,一种是正常结束,另一种是使用 break 语句提前结束。Python 语言可以在循环语句中使用 else 子句,对两种不同的循环退出方式做不同的处理。当循环正常结束时,执行 else 结构中的代码。如果是提前结束循环,则 else 结构中的代码不执行。

带 else 子句 for 语句的基本使用格式如下:

```
for 循环变量 in 遍历结构:
    代码块 1
else:
    代码块 2
```

带 else 子句 while 语句的基本使用格式如下:

```
while 条件表达式:
    代码块 1
else:
    代码块 2
```

【例 4-22】 判断正整数 n(n≥2)是否为素数(方法 2)。

思路:根据素数的定义,设计循环,取 2 到 n/2 之间所有的数,用 n 来整除,只要找到一个能被整除的数就结束循环,判定为非素数。当循环正常结束时(也就是没有一个数能被 n 整除),判定 n 是否为素数。

```
n = int(input("请输入一个正整数 n(n>=2):"))
i = 2
while i <= int(n/2):
    if n % i == 0:
        print(n, "不是素数")
        break
    i = i+1
else:
    print(n, "是素数")
```

4.3.5　多重循环

多重循环又称为循环嵌套,也就是在循环体里再嵌套另一个循环,比较常用的就是双重循环。双重循环的外层循环通常叫外循环,嵌套的循环通常叫内循环。外循环和内循环都可以根据需要使用 for 语句或 while 语句。

比如，外循环和内循环都用 while 语句，使用格式如下(请注意内循环代码块的缩进和对齐)：

```
while 条件表达式 1:
    代码块 1
    while 条件表达式 2:
        代码块 2
代码块 3
```

这里，代码块 1 和代码块 3 都属于外循环，根据需要可以省略。代码块 2 属于内循环。

又比如，外循环使用 for 语句，内循环使用 while 语句，使用格式如下(请注意内循环代码块的缩进和对齐)：

```
for 循环变量 in 遍历结构:
    代码块 1
    while 条件表达式 2:
        代码块 2
    代码块 3
```

在设计双重循环时，要考虑清楚外循环控制什么，内循环控制什么，并搞清楚外循环和内循环之间的关联。

【例 4-23】　输入正整数 n，求 $1 + (1 + 2) + (1 + 2 + 3) + \cdots + (1 + 2 + 3 + \cdots + n)$

思路：这个式子是由 n 个式子的和相加组成的，每个式子是 $1 + 2 + 3 + \cdots + i$ 的形式。因此，我们可以设计外循环控制 n 个式子的和相加，内循环用于求每个式子的和。

```
n = int(input("请输入正整数 n："))
sum = 0
for i in range(1, n+1):
    j = 1
    s = 0
    while j <= i:
        s = s + j
        j = j + 1
    sum = sum + s
print("sum=", sum)
```

【例 4-24】　输出如图 4-10 所示的图形(n=7)。

图 4-10　例 4-24 图

思路：上述图形由 7 行组成，每行由 2*i 个 "*" 号组成，并考虑到每行 "*" 之前的空格。可以设计外循环控制行的输出，每行的输出由内循环控制。内循环也可以由字符串运算代替，更加简单。

方法 1：

```
for m in range(1, 7+1):
    str=' '*(7-m)
    str=str+2*m*'*'
    print(str)
```

方法 2：

```
for m in range(1, 7+1):
    for i in range(1, 7-m+1):
        print(" ", end='')
    for i in range(1, 2*m+1):
        print("*", end='')
    print()
```

想一想，如果要输出如图 4-11 所示的几种图形，应该怎么处理？

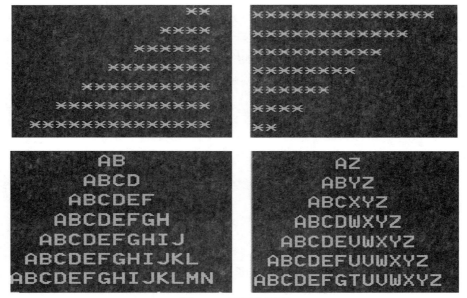

图 4-11　不同的图形

4.3.6　循环结构案例

【例 4-25】　输出斐波那契数列的前 n 项，每行输出 5 项。斐波那契数列(Fibonacci Sequence)指的是这样一个数列：1，1，2，3，5，8，13，21，…。这个数列从第 3 项开始，每一项都等于前两项之和。

思路：用 a、b 代表斐波那契数列的任意连续两项(初始值为 1、1)，求出下一项 c，然后得到下一个连续两项 a、b，用循环重复上述过程。

```
n = int(input("输入项数："))
a = 1
b = 1
count = 2
print(a, b, ' ', end='')
for i in range(3, n+1):
    c = a + b
    print(c, ' ', end='')
    count = count+1
    if count % 5 == 0:
        print()
    a = b
    b = c
```

【例 4-26】 输出 100 以内的素数，每行输出 5 个。

思路：设计外循环，对 100 以内的数进行扫描，设计内循环判断该数是否为素数。

```
count = 0
for n in range(2, 101):
    i = 2
    while i <= int(n/2):
        if n % i == 0:
            break
        i = i+1
    else:
        print("{:>5}".format(n), end='')
        count = count+1
        if count % 5 == 0:
            print()
```

【例 4-27】 改进例 4-10，某班有 n 个学生，本学期学了 m 门课，从键盘输入每个学生每门课的成绩，统计每门课成绩等级分布的情况。

思路：设计外循环对 m 门课进行扫描，设计内循环输入每门课所有学生的成绩，每输入一个成绩，就进行一次等级转换并统计。

```
m = int(input("课程门数："))
n = int(input("班级学生人数："))
for i in range(1, m+1):
    excellent = 0
    good = 0
```

```
medium = 0
passed = 0
nopass = 0
print("现在开始输入第", i, "门课的学生成绩！")
for j in range(1, n+1):
    score = int(input("请输入第"+str(j)+"个学生成绩："))
    if (score >= 90):
        grade = "优"
        excellent = excellent+1
    elif (score >= 80):
        grade = "良"
        good = good+1
    elif (score >= 70):
        grade = "中"
        medium = medium+1
    elif (score >= 60):
        grade = "及格"
        passed = passed+1
    else:
        grade = "不及格"
        nopass = nopass+1
print("第", i, "门课的学生成绩统计情况如下：")
print("优：", excellent, "人，", "良：", good, "人，", "中：", medium, "人")
print("及格：", passed, "人，", "不及格：", nopass, "人")
```

想一想，如何找出每门课的最高分、最低分和平均分？

4.4　random 库及使用

4.4.1　random 库及常用函数

计算机在解决一些问题时，可能需要用到随机数，比如，设计抽奖程序或一些模拟程序。但实际上计算机不可能产生真正的随机数，它产生的随机数也是在特定条件下产生的确定值，即伪随机数。Python 中的随机数需要使用随机数种子来产生，一旦随机数种子确定，产生的随机序列(每一个数，每个数之间的关系)也就确定。Python 语言主要通过 random 库来处理与随机数有关的问题。当程序需要使用 random 库时，首先要用 import random 或 from random import *语句导入 random 库。表 4-2 列出了 random 库中主要的函数。

表 4-2　random 库主要函数

函　　数	函数功能说明
seed([x])	使用 x 作为随机数种子，默认值为当前系统时间
random()	生成 1 个[0.0, 1.0)之间的随机小数
randrange(m, n[, d])	生成 1 个[m, n)之间以 d 为步长的随机整数
randint(m, n)	生成 1 个[m,n]之间的整数，即 randrange(m, n+1)
getrandbits(n)	生成 1 个二进制长度为 n 位的随机整数
uniform(m, n)	生成 1 个[m, n]之间的随机小数
choice(s)	从序列类型 s 中随机返回 1 个元素
shuffle(s)	将序列类型 s 中元素随机打乱，返回打乱后的序列
sample(pop, k)	从 pop 类型中随机选取 k 个元素，以列表类型返回

【例 4-28】　random 库函数使用示例。

```
>>>from random import *
>>> seed(118)
>>> print(randint(8,18),randint(8,18))
18 10
>>> seed(888)
>>> print(randint(8,18),randint(8,18))
9 14
>>> seed(118)
>>> print(randint(8,18),randint(8,18)) #相同的种子，相同的序列
18 10
>>> random()
0.3121706478224374
>>> randrange(8,18,2)
12
>>> uniform(8,18)
10.939274293784543
>>> list=[8,18,28,38,48,58,68] #list 是包含多个元素的列表，后面会学到
>>> print(list)
[8, 18, 28, 38, 48, 58, 68]
>>> choice(list)
8
>>> choice(list)
28
>>> choice(range(888))
26
```

```
>>> shuffle(list)
>>> print(list)
[18, 8, 58, 28, 68, 38, 48]
>>> sample(list,3)
[48, 68, 38]
```

4.4.2   random 库应用案例

【例 4-29】 设计猜数游戏。计算机随机产生一个 100 以内的整数，让用户来猜，如果用户猜对了，则游戏结束。如果用户猜错了，则给用户必要的提示。

思路：选择合适的随机函数产生一个 100 以内的整数，设计循环，当用户输入猜测的数不正确时，提示用户继续猜测，直到正确为止。

```
from random import *
numberforguess = randint(0, 100)
print('Hello!猜数字游戏开始！')
yourguess = int(input('请猜一个 100 以内的数字(包括 0 和 100)： '))
while (yourguess != numberforguess):
    if (yourguess > numberforguess):
        print(yourguess, '你猜的数大了，请再试试！')
    if (yourguess < numberforguess):
        print(yourguess, '你猜的数小了，请再试试！')
    yourguess = int(input('再猜一次： '))
print(yourguess, '你真幸运！恭喜你猜对了！游戏结束！')
```

想一想：如何限定用户只能猜测有限的次数，比如 10 次？

【例 4-30】 模拟掷骰子 10 000 次，统计两个骰子点数相同的概率。

思路：利用随机函数，随机产生两个 1～6 之间的随机数，代表一次掷骰子的结果。设计循环，执行 10 000 次，统计点数相同的次数。

```
from random import *
count = 0
for i in range(10000):
    m = randint(1, 6)
    n = randint(1, 6)
    if m == n:
        count += 1
print(count/10000)
```

请用概率知识验证一下程序的运行结果。请尝试增加掷骰子的次数，看看精度会不会提高。

【例 4-31】 改进例 4-14 石头剪刀布的小游戏。从键盘输入玩游戏的局数，每局让计算机随机产生一种手势，然后从键盘输入人出的手势情况(石头、剪刀和布，分别输入名称即可)，最后程序判定输赢并统计输赢局数。

　　思路：在例 4-14 的基础上，设计循环，用随机函数让计算机随机产生一种手势。然后
与人的输入手势进行比较，判定输赢并统计结果。

```python
from random import *
choices = ['石头', '剪刀', '布']   # 这里用到了列表，后面的章节会学到
number = int(input("游戏开始！请输入游戏的总局数："))
count = 1
manwin = 0
computerwin = 0
balance = 0
while count <= number:
    man = input("请输入你的手势(石头、剪刀或布)：")
    computer = choice(choices)
    print((((('你出了' + man) + '，计算机出了') + computer) + '，'))
    if (man == computer):
        print('平局！')
        balance = balance+1
    elif (man == '石头'):
        if (computer == '剪刀'):
            print('你赢了！')
            manwin = manwin+1
        else:
            print('计算机赢了！')
            computerwin = computerwin+1
    elif (man == '布'):
        if (computer == '石头'):
            print('你赢了')
            manwin = manwin+1
        else:
            print('计算机赢了！')
            computerwin = computerwin+1
    elif (man == '剪刀'):
        if (computer == '布'):
            print('你赢了')
            manwin = manwin+1
        else:
            print('计算机赢了！')
            computerwin = computerwin+1
    else:
```

```
        print('你们出错了吧！只能出"石头""剪刀"或"布"！')
    count = count+1
print("游戏结束！")
print("你赢了：", manwin, "局，计算机赢了：", computerwin, "局，平局：", balance, "局")
```

4.5 异 常 处 理

4.5.1 异常概述

异常是指程序运行过程中产生的错误，比如被零除，打开一个不存在的文件等。这些错误会使程序运行结束，并输出出错信息，也就是会改变程序正常的流程。因此，在异常产生时，我们需要捕获异常，并对异常进行善后处理，使程序不会意外终止，从而将异常对程序的影响降到最低。异常处理使程序能够处理异常后继续正常执行。

Python 提供了异常处理的机制，包括异常类和异常处理语句。不同的异常由相应的类来处理。Python 通过异常处理语句来捕获并处理异常。表 4-3 列出了常见的异常。

表 4-3 常见的异常

异常名称	描　　述
NameError	名字错误(比如引用未声明的变量)
ValueError	值错误(比如试图将字母字符串转换为整数)
ZeroDivisionError	除数为零错误
IOError	输入/输出错误(比如打开一个不存在的文件)
IndexError	序列索引错误(比如索引超出范围)
KeyError	字典键错误(比如键值不存在)

【例 4-32】 异常演示。
执行下列代码：

```
a = int(input("a="))
b = int(input("b="))
c = a/b
```

当输入 10 给 a，输入 0 给 b 时，产生 ZeroDivisionError 异常提示：

```
a = 10
b = 0
Traceback (most recent call last):
    File "e:/pyprog/Python 教材编写/Ex4_5_1.py", line 3, in <module>
      c = a/b
zeroDivisionError: division by zero
```

当输入 10 给 a，输入 abc 给 b 时，产生 ValueError 异常提示：

```
a = 10
b = abc
Traceback (most recent call last):
    File "e:/pyprog/Python教材编写/Ex4_5_1.py", line 2, in <module>
        b = int(input("b="))
ValueError: invalid literal for int() with base 10: 'abc'
```

上面的异常提示给出了异常产生的文件及异常产生的代码行，并输出了产生异常的代码以及异常名称。

4.5.2　异常处理语句

Python 通常使用 try…except…else…finally 语句捕获处理异常，格式如下：

```
try:
    <代码块1>    #可能产生异常的代码
except E1:       #捕获异常 E1
    <异常 E1 的处理代码块>
...
except En:       #捕获异常 En
    <异常 En 的处理代码块>
except:          #捕获其他异常
    <其他异常的处理代码块>
else:
    <无异常时执行的代码块>
finally:
    <不管有无异常都要执行的代码块>
```

Python 按顺序依次捕获异常 E1 至 En，如果异常 E1 至 En 都没有，则处理其他异常。如果没有捕获到任何异常，则执行 else 之后的代码块。不管有没有异常，finally 后面的代码块都必须执行。

【例 4-33】 异常处理演示。对 4.5.1 节中的例 4-32 进行完善，能够对常见的输入错误进行异常处理。

代码如下：

```
aa = "abc"
try:
    a, b = eval(input("请输入两个数,以逗号分隔: "))
    c = a / b
    print("运算结果是: " + str(c))
```

```
except ZeroDivisionError:
    print("被零除错误!")
except SyntaxError:
    print("输入格式错误，逗号是不是忘了？")
except NameError:
    print("变量名输入错误！")
except:
    print("输入时出现了其他错误！")
else:
    print("恭喜你，程序运行正常！")
finally:
    print("每个程序都值得好好编写和总结！")
```

当输入 3，5 时，程序正常运行，没有异常：

```
请输入两个数，以逗号分隔:3, 5
运算结果是：0.6
恭喜你，程序运行正常！
每个程序都值得好好编写和总结！
```

当输入 3，0 时，出现 ZeroDivisionError 异常：

```
请输入两个数，以逗号分隔：3, 0
被零除错误！
每个程序都值得好好编写和总结！
```

当输入 3 5 时，出现 SyntexError 异常：

```
请输入两个数，以逗号分隔：3 5
输入格式错误，逗号是不是忘了？
每个程序都值得好好编写和总结！
```

当输入 bb，5 时，由于变量 bb 并不存在，所以出现 NameError 异常：

```
请输入两个数，以逗号分隔：bb, 5
变量名输入错误！
每个程序都值得好好编写和总结！
```

当输入 aa，5 时，变量 aa 存在，由于 aa 是字符串类型，不能参加除法运算，所以程序提示出现了其他错误(实际上是 TypeError，只不过程序没有处理)：

```
请输入两个数，以逗号分隔：aa, 5
输入时出现了其他错误！
每个程序都值得好好编写和总结！
```

4.6   程 序 调 试

4.6.1   程序调试概述

程序调试是指程序员将编制的程序在投入实际运行前用手工或编译程序(开发工具)等手段进行测试、修正语法错误和逻辑错误的过程,这是保证计算机软件系统正确性的必不可少的步骤。编写完成的计算机程序必须送入计算机中进行测试。之后根据测试时所发现的错误进一步诊断,找出原因和具体的位置并进行修正。根据错误的性质,程序错误一般分为语法错误和逻辑错误。程序的语法错误编译器能够直接发现并指明错误位置,程序员按照编译器的指示进行修改即可。通常程序若没有语法错误,也能够正常运行,但是运行结果不正确,这时候程序员需要借助相应的程序开发工具,通过调试程序发现程序的逻辑错误并进行改正。一般的程序开发工具都提供了程序调试功能。本节重点介绍 VS Code 软件的程序调试功能。

4.6.2   VS Code 软件调试功能使用

1. VS Code 调试功能的安装

VS Code 是微软公司开发并维护的一个通用的软件开发工具。VS Code 是一款开源的跨平台软件,是目前最受程序员喜爱的软件开发工具之一。要让 VS Code 具备调试 Python程序的功能,必须安装 Python 扩展(插件),如图 4-12 所示。

图 4-12   安装 Python 扩展(插件)

2. 断点及断点设定

断点是程序调试的基础,要调试程序,首先要设定断点。程序运行时如果碰到断点,会暂停执行,这时候用户可以观察断点位置的变量或表示的值,帮助用户确定程序运行到断点位置的结果是否正确。

一般程序调试的原则是先保证程序执行所需要的数据输入正确无误,然后按顺序分段调试。只有前面的程序调试无误,才能继续调试后面的程序,直到程序运行结果正确无误。

断点一般根据需要设置在程序段的关键语句或用户分析有可能出错的语句所在行。

VS Code 中，断点的设定非常简单。首先准备好需要调试的程序代码，代码应该没有语法错误(本节以例 4-18 作为例子，介绍 VS Code 调试功能的使用)。将鼠标光标移到行号左边的空白，会出现一个暗色的小红点。用鼠标点击暗色小红点，小红点颜色变亮，表示将断点设置在该行。本例中，我们将断点设置在第 4 行和第 6 行，如图 4-13 所示。

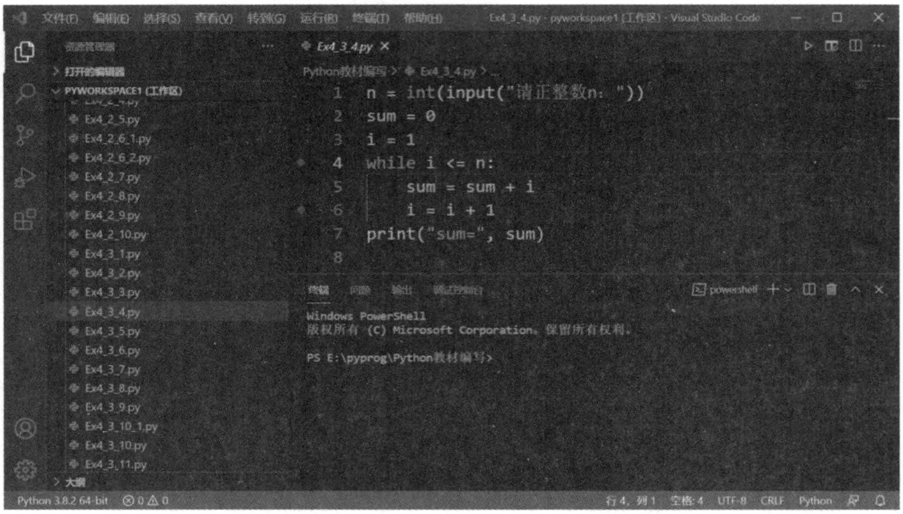

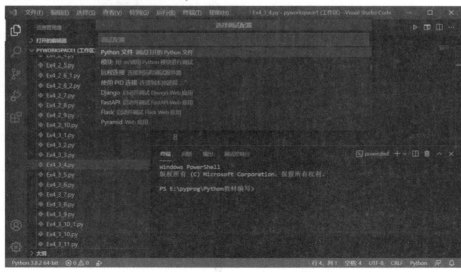

图 4-13　　设定断点

3. 调试功能的启用及介绍

选择菜单"运行"→"启动调试"，在出现的"选择调试配置"列表中(如图 4-14 所示)选择第 1 项"Python 文件"，就进入了程序调试界面(如图 4-15 所示)。本例中，程序开始运行，等待用户输入(注意一般断点不要设在程序的输入语句上，否则输入语句不会主动执行，要等用户发出控制命令才会执行)。

图 4-14　　选择调试配置

图 4-15　调试界面

当用户输入数据以后，程序会自动运行到第一个断点位置暂停。在本例中，正整数 n 的输入值为 10，程序运行到第 1 个断点第 4 行处暂停(黄色箭头指示)，等待用户进一步的调试指令。程序的运行界面如图 4-16 所示。

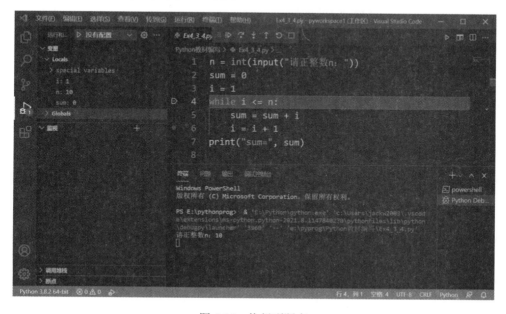

图 4-16　执行到断点

这时，在调试界面代码子窗口的左边出现了两个新的子窗口，分别是"变量"子窗口和"监视"子窗口。前者用于观察程序运行到当前位置变量的值，后者用于观察用户给定表达式的值。通过"监视"子窗口中的"+"按钮，可以添加用户给定的表达式。在本例中，我们添加"i<=n"作为观察表达式。观察表达式添加以后会被自动计算，并将结果显示在表达式的旁边，给用户参考。这里，"i<=n"的值是"True"，如图 4-17 所示。

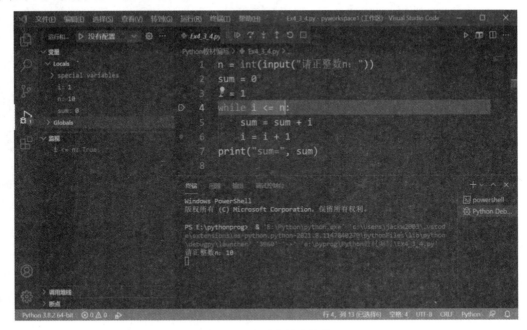

图 4-17　查看表达式的值

同时，在代码子窗口的上方出现了调试工具条，当光标移到某一个按钮上时，会出现相应的功能提示，如图 4-18 所示。

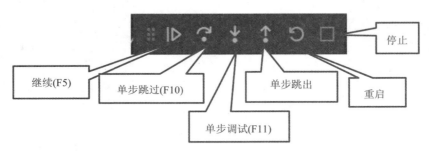

图 4-18　各按钮的功能

各按钮的功能解释如下(括号里面是快捷键)：

(1) 继续(F5)：让程序执行到下一个断点。

(2) 单步跳过(F10)：实际上就是单步执行，就是执行当前语句。

(3) 单步调试(F11)：实际上是跟踪执行，一般是跟踪到函数内部。

(4) 单步跳出(Shift+F11)：跳出跟踪，一般是从函数内部跳出，回到被调用的位置。

(5) 重启：就是重新开始执行调试程序。

(6) 停止：就是停止执行调试程序。

4. 调试功能的使用

本例中，单击"继续"按钮，程序执行到第 2 个断点(第 6 行)暂停，这时左边变量子窗口中变量的值会自动变化，如图 4-19 所示。

图 4-19　"继续"按钮演示

连续单击两次"单步跳过"按钮，程序会在第 5 行暂停，如图 4-20 所示。

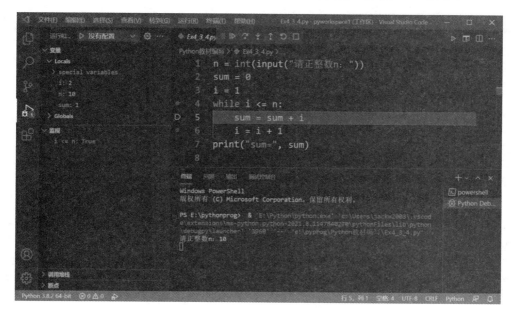

图 4-20　"单步跳过"按钮演示

程序调试结束时，单击"停止"按钮，并单击 VS Code 主界面左上角的"资源管理器"按钮，回到程序编辑和运行的主界面，如图 4-21 所示。

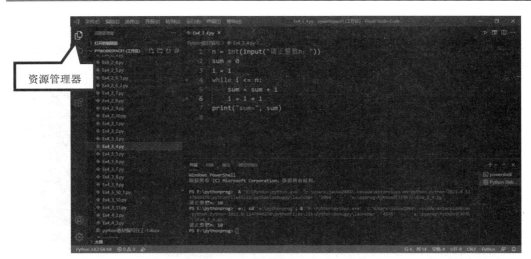

图 4-21　返回主界面

有关单步调试(跟踪)，本书后面函数部分再作介绍。

> **扩展：**
>
> 编写程序时，犯一个错误很容易，但要找出错误并改正错误有时很难。特别是当这个错误有可能会影响到项目中的其他相关程序时，小小的错误可能给项目带来灾难性的后果。这就要求我们在编程时发挥工匠精神，尽量做到一丝不苟，严肃认真，尽可能避免犯错误。但是遗憾的是，在实际开发当中，编程错误往往是不可避免的，而且有的错误不太容易被发现或解决。这同样要求我们在进行程序调试时，也要发挥工匠精神，要有足够的耐心和细心，充分利用调试工具想尽办法把错误找出来。

4.7　应用实例：学生成绩的处理

【例 4-34】 实现例 4-26 提出的问题，某班有 n 个学生，本学期学了 m 门课，从键盘输入每个学生每门课的成绩，统计每门课成绩的最高分、最低分和平均分。

思路：设计外循环，用于对 m 门课进行扫描，设计内循环，用于输入每门课所有学生的成绩并进行处理。假设每门课程成绩的最大值和最小值分别为 maxscore(初值为 -1) 和 minscore(初值为 101)，每输入一个成绩 score，将其累加到 sumscore(初值为 0)，然后分别将 maxscore 和 minscore 与 score 作比较，如果 score 比 maxscore 大，则把 score 赋值给 maxscore；如果 score 比 minscore 小，则把 score 赋值给 minscore，最后计算平均分并输出。

程序如下：

```python
m = int(input("课程门数: "))
n = int(input("班级学生人数: "))
```

```
for i in range(1, m+1): #外循环对每门课进行处理
    maxscore = -1   #最高分
    minscore = 101 #最低分
    sumscore = 0    #平均分
    print("现在开始输入第", i, "门课的学生成绩！")
    for j in range(1, n+1):#内循环对某一门课所有学生成绩进行处理
        score = -1
        while score < 0 or score > 100:#保证输入正确的成绩
            score = int(input("请正确输入第"+str(j)+
"个学生成绩(0~100):"))
        sumscore = sumscore+score #成绩累加
        if (score > maxscore): #求最高分
            maxscore = score
        if (score < minscore): #求最低分
            minscore = score
    avgscore = int(sumscore/n) #平均分
    print("第", i, "门课的学生成绩统计情况如下：")
print("最高分：", maxscore, "  最低分：",
minscore, "  平均分：", avgscore)
```

本 章 小 结

本章首先介绍了流程图及流程图工具 Raptor 软件的使用，然后通过案例重点介绍了分支结构和循环结构程序设计语句的语法和应用，同时介绍了 random 库应用、程序异常的处理和程序调试工具的使用，最后给出了应用实例——学生成绩的处理。

习　　题

1. 输入任意一个三位整数，输出该数字的个位、十位和百位数字。请用 Raptor 画出流程图并编程实现。

2. 依次输入三角形三边的长度，计算三角形外接圆的面积(保留两位小数)。

3. 某个学生的用户名和密码都是 abc123，判断学生输入的用户名和密码是否正确，如果正确，输出"欢迎进入"，否则输出"有误，请重新输入！"。请用 Raptor 画出流程图并编程实现。

4. 托运货物是根据货物重量来收费的。某托运处的收费标准是：货物重量在50千克(包括)以下的，每千克 0.5 元，超过 50 千克的部分每千克 0.6 元。请用编程实现：输入货物重量，输出收费金额。

5. 输入三个数，输出中间数(第二大)，请用 Raptor 画出流程图并编程实现，至少考虑两种方法。

6. 按顺序输入两个圆的圆心坐标和半径(x，y，r)，输出两个圆的关系：内切输出 1，外切输出 2，相交(两个交点)输出 3，没有交点但有包含关系输出 4，没有交点且没有包含关系输出 5。

7. 输入年份和月份，输出该月的天数。

8. 输入一个整数，输出其阶乘值。

9. 输入一个正整数 n，然后再输入 n 个数，求它们的和与均值。请用 Raptor 画出流程图并编程实现。

10. 输入一个正整数 n，然后再输入 n 个数，求它们的最大值和最小值。请用 Raptor 画出流程图并编程实现。

11. 编程计算一张纸(5 毫米)折叠多少次可以达到珠穆朗玛峰的高度(8848 m)。

12. 请编程解决鸡兔同笼问题：现有鸡和兔同笼，共有 35 个头，100 只脚，鸡和兔各有多少只？

13. 给定正整数 n，求不大于 n 的正整数的阶乘的和(即求 $1! + 2! + 3! + \cdots + n!$)，输出阶乘的和。

14. 编程实现用户登录问题：用户名和密码都是"abc123"，如果用户三次没输对，则输出"invalid username or password!"，如果输入正确的用户名和密码，则输出"welcome abc123"。

15. 给定正整数 n，求不超过 n 的素数的个数。

16. 求数列 a，aa，aaa，…，aa…a 的前 N 项的和，第 N 项有 N 个 a，a 和 N 均为正整数，$0 \leqslant a \leqslant 9$，$0 \leqslant N \leqslant 9$，a 和 N 的值都是从键盘输入的。

17. 求数列 1，2，3，2，3，4，3，4，5，4，5，6，…的前 N 项的和。

18. 计算 $1 + 2 + \cdots + n$，并用式子输出来。比如，输入 10，则输出：
$$1 + 2 + 3 + 4 + 5 + 6 + 7 + 8 + 9 + 10 = 55$$

19. 哥德巴赫猜想是指一个大正偶数总可以分解为两个质数之和。试编写程序验证哥德巴赫猜想。输入一个正偶数，输出该偶数分解的质数，且两个质数是最接近的。例如，$100 = 3 + 97 = 11 + 89 = 17 + 83 = 29 + 71 = 41 + 59 = 47 + 53$，其中两个质数最接近的输出是 $100 = 47 + 53$。

20. 一天，小明和他的爸爸妈妈在街头散步，发现一辆汽车发生交通事故后逃逸。可惜他们中没有一个人记住这辆汽车的 4 位数牌号。但是，爸爸记得牌号的前两位数是相同的，妈妈记得牌号的后两位数是相同的，而小明记得这 4 位数恰好是一个两位数的平方数。凭着这些线索，你能准确地确定汽车牌号吗？请编程实现，至少用 3 种方法。

21. 用户输入若干个成绩(百分制)，统计不及格人数。每输入一个成绩后询问是否继续输入下一个成绩，回答"y"或"Y"就
继续输入下一个成绩，回答"n"或"N"就停止输入成绩。如果成绩输入有误，要求输出"不是合法成绩"(要求有异常处理)。

22. 编写程序，输入随机种子，产生 50 个 100 以内的随机整数，然后输出其中所有偶数的平均值。

第 5 章　组合数据类型

　　组合数据类型能够将多个同类型或不同类型的数据组织起来，通过单一的表示使数据操作更有序，更容易。

　　组合数据类型可以分为三类：序列(sequence)类型、集合(set)类型和映射(map)类型。序列，顾名思义就是一系列有顺序的数据。序列在我们日常生活中经常用到，比如，一个班级学生的排名序列，股票价格的时间序列等。集合就是指元素的集合，元素之间无序(不能通过序号访问)，相同元素唯一存在。映射是"键-值"数据项的组合，每个元素是一个键值对，表示为(key，value)，其典型代表是字典。

5.1　通　用　序　列

5.1.1　通用序列概述

　　序列包括字符串(str)、元组(tuple)、列表(list)，它们都是有序排列的多个数据的容器。但是，它们的修改方式不同。字符串和元组都是不可修改的数据序列，而列表是可修改的任何类型的数据序列。

5.1.2　通用序列的操作

　　通用序列操作包括索引(index)、切片(slicing)、加法(addition)、乘法(multiplication)、成员资格、序列长度、序列的最小值和最大值。

　　字符串其实是一个一个字符组成的序列。列表和元组也一样，它们是由一个一个数据项组成的序列。因此，字符串、列表和元组都是有长度的，我们可以使用 len( )函数来查看它们的长度。有了序列类型的长度，我们就可以对它进行索引和切片了。

　　序列类型的索引就是取序列的第几个元素(也叫数据项)。序列的第 1 个元素的索引是 0，第 2 个元素的索引 1，第 3 个是 2，以此类推，第 n 个元素的索引是 n-1。此外，序列还可以负向索引，也就是说序列的最后一个元素是-1，倒数第二个是-2，以此类推。

　　通用序列的操作如表 5-1 所示。

表 5-1　通用序列的操作

操　　作	含 义 方 法
x in s	如果 x 是 s 的元素，返回 True，否则返回 False
x not in s	如果 x 不是 s 的元素，返回 True，否则返回 False
s+t	连接 s 和 t
x*n	将序列 s 复制 n 次
s[i]	索引，返回序列的第 i 个元素
s[i:j]	切片，返回包含序列 s 的第 i 到 j 个元素的子序列(不包含第 j 个元素)
s[i:j:k]	步长切片，返回包含序列 s 的第 i 到 j 个元素的以 k 为步长的子序列
len(s)	序列 s 的元素个数
min(s)	序列 s 的最小元素
max(x)	序列 s 的最大元素
s.index(x,i,j)	序列 s 中从 i 到 j 第一次出现元素 x 的位置
s.count(x)	序列 s 中出现 x 的总次数

5.2　列　　表

在英语中，list 这个单词除了被翻译成列表外，还会被翻译成清单，譬如我们出门采购时经常用到的 shopping list(购物清单)和 the bucket list(电影遗愿清单)。

在 Python 中，列表(list)是包含 0 个或多个对象的有序序列，属于序列类型。列表中的值称为元素(element)，也称为项(item)，列表的长度和内容是可变的，元素类型可以不同。

例如，ls=[3,"3",{'福建':'福州'},[3,4,5],(3,4,5)]，其中的元素可以是数字、字符串、字典、元组、列表、空列表等对象。

列表支持通用序列的操作，列表中的索引和切片的基本方法与字符串是一样的。

列表有一系列方法，可以实现列表的创建、追加、插入等功能。可以用 dir(list)查看列表的方法如下：

```
>>> dir(list)
['__add__', '__class__', '__contains__', '__delattr__', '__delitem__', '__dir__', '__doc__',
'__eq__', '__format__', '__ge__', '__getattribute__', '__getitem__', '__gt__', '__hash__', '__i
add__', '__imul__', '__init__', '__init_subclass__', '__iter__', '__le__', '__len__', '__lt__',
'__mul__', '__ne__', '__new__', '__reduce__', '__reduce_ex__', '__repr__', '__reversed__',
'__rmul__', '__setattr__', '__setitem__', '__sizeof__', '__str__', '__subclasshook__', 'append'
, 'clear', 'copy', 'count', 'extend', 'index', 'insert', 'pop', 'remove', 'reverse', 'sort']
```

可以看到，一种方法是以双下画线开始和结尾的，一般不直接使用；另一种是普通方法，可用 help(list.xxxx)查看具体的方法，例如：

```
>>> help(list.index)
Help on method_descriptor:
index(self, value, start=0, stop=9223372036854775807, /)
```

```
Return first index of value.
Raises ValueError if the value is not present.
```

5.2.1 列表的创建

列表的创建方法见表 5-2。

表 5-2 列表的创建方法

用　法	描　述
[]	创建一个空列表或者一个带有元素的列表
list()	创建空列表，或者将元组或字符串转换为列表

例如：

```
>>> ls1=[]           #创建空列表
>>> ls2=list()       #创建空列表
>>> print(ls1,ls2)
[] []
>>> ls3=[80,90,85]   #创建带有元素的列表
>>> ls4=list("中国是一个伟大的国家")   #将字符串转为列表
>>> print(ls3,ls4)
[80, 90, 85] ['中', '国', '是', '一', '个', '伟', '大', '的', '国', '家']
>>> ls5= list(range(0,10,2))
>>>ls6=[[1820410101,"张九林"],[1820410103,"贾寿"]]#创建二维列表
>>> print(ls5,ls6)
[0, 2, 4, 6, 8] [[1820410101, '张九林'], [1820410103, '贾寿']]
```

5.2.2 列表的插入

列表的插入方法如表 5-3 所示。

表 5-3 列表的插入方法

用　法	描　述
ls.append(x)	在列表 ls 的最后增加一个元素 x
ls.insert(i,x)	在列表 ls 的第 i 位置增加元素 x
ls.extend(lt)	将列表 lt 的元素增加到 ls 中

append()方法在列表的最后增加元素,而 insert()方法可以在任意位置增加元素。append()方法只能增加一个元素，而 extend()可以在最后增加多个元素。

例如：

```
>>> ls=[0,1,2,3,4,5]
>>> ls.append(6)
```

```
>>> ls
[0, 1, 2, 3, 4, 5, 6]
>>> ls=[0,1,2,3,4,5]
>>> ls.insert(0,-1)
[-1, 0, 1, 2, 3, 4, 5]
>>> ls=[0,1,2,3,4,5]
>>> ls.append(7,8)    #不能增加两个及两个以上元素
Traceback (most recent call last):
  File "<pyshell#14>", line 1, in <module>
    ls.append(7,8)
TypeError: append() takes exactly one argument (2 given)
>>> ls.extend([7,8])    #在列表的后面增加多个元素
[0, 1, 2, 3, 4, 5, 7, 8]
```

5.2.3 列表元素的删除

列表元素的删除方法如表 5-4 所示。

表 5-4   列表元素的删除方法

用　法	描　述
ls.pop(i)	将列表 ls 中的第 i 个元素取出并删除该元素，如果 i 不指定，则默认为 −1，即列表中的最后一个元素
ls.remove(x):	将列表中出现的第一个元素 x 删除
ls.clear()	删除 ls 中的所有元素，变成空列表
del ls[i:j:k]	删除列表 ls 中第 i 到 j 个、以 k 为步长的元素

要注意的是，del 是语句，不是列表的方法。
例如：

```
>>> ls=[1,2,3,4,5]
>>> ls.pop(2)
3
>>> ls
[1, 2, 4, 5]
>>> ls=[1,2,3,4,5]
>>> ls.remove(2)
>>> ls
[1, 3, 4, 5]
>>> ls=[0,1,2,3,4,5]
>>> ls.clear()
```

```
>>> ls
[]
>>> lt=[3,5,9,2,11,13,15]
>>> del lt[1]  #从 lt 中第 1 个位置删除一个元素
>>> lt
[3, 9, 2, 11, 13, 15]
>>> del lt[1:5:2]#从 lt 中删除第 1 个、第 3 个位置的元素
>>> lt
[3, 2, 13, 15]
```

5.2.4　列表的修改

创建列表后，可以根据索引修改列表的值，或使用切片赋值方式删除或者增加列表元素。例如：

```
>>> ls=['福建','浙江','江苏']
>>> ls[1]='江西'
>>> ls
['福建', '江西', '江苏']
>>> ls=['福建','浙江','江苏']
>>> ls[0:2]=[ '山东', '江西']
>>> ls
['山东', '江西', '江苏']
>>> ls=['福建','浙江','江苏']
>>> ls[0:2]=[ '福建']              #少减
>>> ls
['福建', '江苏']
```

5.2.5　列表的其他操作

列表的其他操作如表 5-5 所示。

表 5-5　列表的其他操作

用　　法	描　　　　述
ls.copy()	生成一个新列表，复制 ls 中的所有元素
ls.reverse()	将列表 ls 中的元素反转
list.sort(key=None, reverse=False)	对关键字 key 进行升序或者降序排序，reverse = True 为降序，reverse = False 为升序(默认)

例如：

```
>>> ls=[0,1,2,3,4,5]
>>> newls=ls.copy()
>>> newls
[0, 1, 2, 3, 4, 5]
>>> ls=[3,5,9,2]
>>> ls.reverse()
>>> ls
[2, 9, 5, 3]
>>> age=[19,21,20]
>>> age.sort()
>>> age
[19, 20, 21]
>>> age.sort(reverse=True)
>>> age    #age 被原地修改，而不是产生一个新的列表
[21, 20, 19]
```

在删除列表中的元素时，Python 会自动对列表内存进行收缩并移动列表元素，以保证所有元素之间没有空隙，增加列表元素时也会自动扩展内存并对元素进行移动，以保证元素之间没有空隙。每当插入或删除一个元素之后，该元素位置后面所有元素的索引就都改变了。在编写删除元素的相关程序时，特别要注意不要漏掉一些元素。

【例 5-1】 删除列表中的素数。

```
ls=[7,23,45,8,61]
for i in ls:
    tag=True
    if i>1:
        for j in range(2,i):
            if(i%j)==0:
                tag=False
                break
        if(tag==True):
            ls.remove(i)
print(ls)
```

运行结果如下：

[23，45，8]

从程序的运行结果可以看到，列表中的素数 23 并没有被删掉，这是为什么呢？原因是当 7 删掉后，23 直接移到前面第 0 个位置，此时 i 指向第一个位置元素，即 45，因此，这时判断 45 是否为素数，而不会判断 23 是否是素数。所以把 for i in ls:改为 for i in ls.copy():，此时运行结果正常。

5.2.6 列表的遍历

所谓遍历，就是逐一访问序列中的每一个元素。

列表的遍历是指一次性、不重复地访问列表的所有元素。在遍历过程中可以结合其他操作(如查找、统计)一起完成。

1. 用 for…in 循环遍历

其基本格式如下：

for 变量 in 列表：

　　语句

例如，使用循环遍历把社会主义核心价值观一个一个打印出来。

```
core_values=['富强','民主','文明','和谐','自由','平等','公正','法治','爱国','敬业','诚信','友善']
for value in core_values:
    print(value,end=" ")
```

运行结果如下：

富强 民主 文明 和谐 自由 平等 公正 法治 爱国 敬业 诚信 友善

我们可以更进一步把循环遍历和序列索引结合起来考虑。前面提到 range(m，n)函数，它可以得到 m 到 n−1 的一个序列，这个序列正好可以当作字符串、列表等的索引序列。range(m，n)函数中，当 m 是 0 的时候，可以省略。也就是说，range(0，n)与 range(n)表示的是相同的意思。还有一种常用的方法是结合 range()和 len()。例如：

```
core_values=['富强','民主','文明','和谐','自由','平等','公正','法治','爱国','敬业','诚信','友善']
for i in range(len(core_values)):
    print(core_values[i],end=" ")
```

2. 使用 for…in 循环和 enumerate()函数实现

enumerate()多用于在 for 循环中得到计数,利用它可以同时获得索引和值,即需要 index 和 value 值的时候可以使用 enumerate()。enumerate()的基本格式如下：

enumerate(列表):枚举列表元素，返回枚举对象

其中，每个元素为包含下标和值的元组。该函数对元组、字符串同样有效。例如：

```
>>> seasons = ['Spring', 'Summer', 'Fall', 'Winter']
>>> list(enumerate(seasons))
[(0, 'Spring'), (1, 'Summer'), (2, 'Fall'), (3, 'Winter')]
>>> list(enumerate(seasons, start=1))
[(1, 'Spring'), (2, 'Summer'), (3, 'Fall'), (4, 'Winter')]
```

例如，使用列表统计社会主义核心价值观的总字数并同时输出索引值和列表元素的内容。

```
core_values=['富强','民主','文明','和谐','自由','平等','公正','法治','爱国','敬业','诚信','友善']
print("总字数为{}".format(len("".join(core_values)))) #统计字数，join()把列表中的字符串连接起来
for index, value in enumerate(core_values):
    print(index+1,value)
```

运行结果如下：

总字数为 24

1 富强；2 民主；3 文明；4 和谐；5 自由；6 平等；7 公正；8 法治；9 爱国；10 敬业；11 诚信；12 友善；

【例 5-2】 自定义一个列表，统计各个元素在列表中出现的次数。

```
a = [1, 3, 4, 4, 1, 2]
li=[]
for i in a:
    if i not in li:
        li.append(i)
for i in li:
    count= a.count(i)
    print(i,'出现的次数：',count)
```

【例 5-3】 自定义一个字符串序列，打印出各个字符在序列中的索引值。

方法一：

```
numbers = "hello"
for i in range(len(numbers)):
    print('{0},{1}'.format(i, numbers[i]))
```

方法二：

```
numbers = "hello"
for index, value in enumerate(numbers):
    print(index, value,end=";")
```

运行结果如下：

0 h;1 e;2 l;3 l;4 o;

enumerate()多用于在 for 循环中得到计数，利用它可以同时获得索引和值，即需要 index 和 value 值的时候可以使用 enumerate()。

【例 5-4】 书籍是人类进步的阶梯。让我们为班级建立一个图书角吧！你能设计一个程序管理这些图书吗?要求如下：

(1) 列表存储书名。

(2) 能根据用户输入添加图书。

(3) 能根据输入的书名删除图书。

(4) 能显示所有图书。

```
books = []  #图书列表
while True:
    x= input("请输入数字选项(1-4): ")
#选择4，直接退出系统
    if x=="4":
        break
    elif x == "1":   #添加图书
        book = input("请输入需要添加的图书: ")
        books.append(book)
    elif x == "2":   #删除图书
            book = input("请输入要删除的图书: ")
            if book in books:
                books.remove(book)
            else:
                print("没有查询到: ",book)
    elif x == "3":        #显示所有图书
        print(books)
    else:
        print("选项有误，请重新选择。")
```

运行结果如下：

请输入数字选项(1-4)：1

请输入需要添加的图书：平凡的世界

请输入数字选项(1-4)：1

请输入需要添加的图书：小王子

请输入数字选项(1-4)：1

请输入需要添加的图书：杀死一只知更鸟

请输入数字选项(1-4)：3

['平凡的世界', '小王子', '杀死一只知更鸟']

请输入数字选项(1-4)：4

5.3　元　　组

元组(tuple)跟列表类似，使用圆括号构成，元素间用逗号分隔，元组中的元素是任意类型的 Python 对象。

元组是不可变(immutable)类型，是不可修改的任何类型的数据的序列。与列表的最大区别是，元组一旦创建就不能删除、添加或修改其中的元素。即元组不能二次赋值，相当于只读列表。元组的这种"只可读"的特性特别适合保存一些不能修改的数据，比如一些机密信息。

　　元组仍然是一种序列，所以几种获取列表元素的索引方法同样可以应用到元组的对象中。

5.3.1　元组的创建

　　在交互模式下输入：

```
>>> 1,2,3
(1, 2, 3)
>>> "hello","world"
('hello', 'world')
```

　　上面操作中使用逗号来分隔了一些值，得到的输出结果就是元组。
　　我们也可以用圆括号将元素括起来赋给一个变量，元素之间用逗号隔开来创建元组。实例如下：

```
>>> tup0= ()  #空元组
>>> tup1=(1,2,3)
>>> type(tup1)
<class 'tuple'>
```

　　另一种创建元组的方法是用 tuple()，它把其他序列类型的数据转换成元组。例如：

```
>>> a=[2,4,6,8,9]
>>> t=tuple(a)
>>> print(t)
(2, 4, 6, 8, 9)
```

5.3.2　元组的访问

　　元组的值可以通过索引和切片来访问，也可以通过遍历访问。例如：

```
a=(1,2,3)
print(a[0],a[1],a[2])        #索引访问
print(a[-1],a[-2],a[-3])      #索引访问
print(a[0:2],a[:],a[::-1])    #切片访问
for i in a:            #遍历
    print(i,end=" ")
```

　　运行结果如下：
1 2 3
3 2 1
(1，2)(1，2，3)(3，2，1)
1 2 3

5.3.3　元组的连接

元组中的元素值是不允许修改的，但可以对元组进行连接组合。

```
>>> tup0=(10,20)
>>> tup0[0]=20     #修改元素是非法操作
Traceback (most recent call last):
  File "<pyshell#14>", line 1, in <module>
    tup0[0]=20
TypeError: 'tuple' object does not support item assignment
>>> tup1=(30,40)
>>> tup2=tup0+tup1
>>> tup2
(10, 20, 30, 40)
```

5.3.4　元组的删除

元组的元素不能修改，不能用 insert()、append()和 extend()方法添加元组的元素，不能使用 remove()、pop()和 clear()删除元组的元素，但可以使用 del 语句删除这个元组。例如：

```
>>> x=(1, 2, 3, 4, 5, 6)
>>> del x
```

用 dir 函数查看元组的属性和方法，可以看到只有 count 和 index，少了修改函数 append、insert、remove、clear 等。

```
>>> dir(tuple)
['__add__', '__class__', '__contains__', '__delattr__', '__dir__', '__doc__', '__eq__', '__format__', '__ge__', '__getattribute__', '__getitem__', '__getnewargs__', '__gt__', '__hash__', '__init__', '__init_subclass__', '__iter__', '__le__', '__len__', '__lt__', '__mul__', '__ne__', '__new__', '__reduce__', '__reduce_ex__', '__repr__', '__rmul__', '__setattr__', '__sizeof__', '__str__', '__subclasshook__', 'count', 'index']
```

如果要修改元组怎么办呢？可以先把元组转化为列表(用 list 函数)，然后进行修改，修改好后用 tuple 函数转化回元组。

```
>>> tup0=(10,20)
>>> tup0l=list(tup0)     #tuple->list
>>> tup0l[0]=20          #通过列表修改值
>>> tuple(tup0l)         #list->tuple
(20, 20)
```

在实际应用中，列表和元组的转换比较多，因此，我们必须掌握 list 函数和 tuple 函数。

5.3.5 元组的运算符

元组的运算符与字符串一样，元组之间可以使用+和*运算，可以看表 5-1 的通用序列操作。

元组有如下内置函数，如表 5-6 所示。

表 5-6　元组内置函数

操　作	含　义　方　法
len(s)	序列 s 的元素个数
min(s)	序列 s 的最小元素
max(x)	序列 s 的最大元素
s.index(x, i, j)	序列 s 中从 i 开始到 j 位置中第一次出现元素 x 的位置
s.count(x)	序列 s 中出现 x 的总次数

使用实例如下：

```
>>> tup0=(10,20)
>>> len(tup0)         #计算元组个数
2
>>> min(tup0)         #返回元组中元素的最小值
10
>>> tup0.index(10)     #计算第一次出现元素 10 的位置
0
>>> tup0.count(10)     #计算元素 10 出现的次数
1
```

5.4　字　　典

本书中成绩管理系统中一个学生的期末成绩，数据结构为 80，操作系统为 90，数据库原理为 85。我们可以用一组列表表示科目，再用另一组列表表示成绩。但是这样，就硬生生把一个学生的成绩分成了两半。我们通过创建字典 d，就可以解决上述问题。

创建字典 d={'数据结构': 80, '操作系统': 90, '数据库原理': 85}，科目为键(key),分数为值(value)，每一键值对(key-value pair)叫作项(item)，该字典共 3 项(item)。

字典形式如下：

d={ key1:value1,key2:value2, …< keyn>:< value n>}

键和值之间用冒号:分隔，形如 key:value。两个键值对之间用逗号分隔。整体使用大括号{}定界。

字典的示意图如图 5-1 所示。

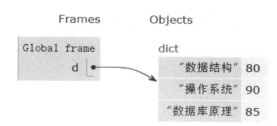

图 5-1　字典的示意图

字典是由多个"键：值"对组成的无序的对象集合，可以通过键(key)找到对应的值(value)。例如：

```
>>> d={'数据结构': 80, '操作系统': 90, '数据库原理': 85}
>>> d["数据结构"]
80
```

字典的键必须唯一，一个字典不能出现两个或两个以上相同的键，否则会出错，且键必须为不可变类型，如整数、实数、复数、字符串、元组等，利用 hash()返回对象的哈希值，可以用来判断一个对象能否用来作为字典的键。例如：

```
>>> hash([1,2,3])
Traceback (most recent call last):
  File "<pyshell#1>", line 1, in <module>
    hash([1,2,3])
TypeError: unhashable type: 'list'
>>> hash((1,2,3))
529344067295497451
>>> hash("hello")
-2491126064095113222
```

上述例子说明列表不能作为字典的键，而元组、字符串等都可以作为字典的键。字典的值可以相同，值可以是任何数据类型。字典是无序可变序列，创建时的顺序和显示的顺序可能会不同。

5.4.1　字典的创建

字典的创建方法，既可使用花括号语法来创建字典，也可使用 dict()函数来创建字典。实际上，dict 就是 Python 中的字典类型，如表 5-7 所示。

表 5-7　字典的创建

用　　　法	描　　　述
d={ key1: value1,　…< keyn>:< value n>}	生成一个字典，key:value 为键值对
dict()	根据给定的键、值创建字典或将其他类型转化为字典

实例如下：

```
>>> Dnovel={}        ##创建一个空字典
>>> Dnovel={"平凡的世界":"路遥","活着":"余华","装台":"陈彦"}
##创建有键值对的字典
>>> Dnovel
{'平凡的世界': '路遥', '活着': '余华', '装台': '陈彦'}
>>> d=dict(数据结构=80,操作系统=90,数据库原理=85)
>>> d
{'数据结构': 80, '操作系统': 90, '数据库原理': 85}
>>> keys=['数据结构','操作系统','数据库原理']
>>> values=['80','90','85']
>>>d=dict(zip(keys,values))   ##zip 函数将两个列表打包为字典
>>> d
{'数据结构': '80', '操作系统': '90', '数据库原理': '85'}
```

在使用 dict()函数创建字典时，还可以传入多个列表或元组参数作为 key-value 对，每个列表或元组将被当成一个 key-value 对，因此这些列表或元组都只能包含两个元素。例如：

```
>> scores1 = [('数据结构', 80), ('操作系统', 90), ('数据库原理', 85)]
>>> dict3 = dict(scores1)
>>> print(dict3)
{'数据结构': 80, '操作系统': 90, '数据库原理': 85}
>>> scores2 = [['数据结构', 80], ['操作系统', 90], ['数据库原理', 85]]
>>> dict4 = dict(scores2)
>>> print(dict4)
{'数据结构': 80, '操作系统': 90, '数据库原理': 85}
```

如果不为 dict() 函数传入任何参数，则代表创建一个空的字典。例如：

```
>>> dict5 = dict()
>>> print(dict5)
{}
```

5.4.2 字典信息的获取

字典的键、值及键值对信息，可以用如下方法获取，见表 5-8。

表 5-8 字典信息的获取

用　　法	描　　述
\<d\>.keys( )	获取所有键信息
\<d\>.values( )	获取所有值信息
\<d\>.items( )	获取所有键值对信息

实例如下：

```
>>> Dnovel={"平凡的世界":"路遥","活着":"余华","装台":"陈彦"}
>>> Dnovel.keys()        ##获取键信息
dict_keys(['平凡的世界', '活着', '装台'])
>>> Dnovel.values()       ##获取值信息
dict_values(['路遥', '余华', '陈彦'])
>>> Dnovel.items()         ##获取键值对信息
dict_items([('平凡的世界', '路遥'), ('活着', '余华'), ('装台', '陈彦')])
```

5.4.3　字典值的查找

字典值的查找如表 5-9 所示。

表 5-9　字典值的查找

用　　法	描　　述
中括号访问，<值>=<字典变量>[<键>]	以键作为下标可以读取字典元素，若键不存在则抛出异常
<d>.get(<key>,<default>)	如果 key 存在则返回相应的值，否则返回默认值，default 可以省略，如果省略则默认值为空

实例如下：

```
>>> Dnovel={"平凡的世界":"路遥","活着":"余华","装台":"陈彦"}
>>> Dnovel['活着']              ##中括号访问
'余华'
>>> Dnovel["狂人日记"]
Traceback (most recent call last):
  File "<pyshell#36>", line 1, in <module>
    Dnovel["狂人日记"]
KeyError: '狂人日记'
>>> Dnovel={"平凡的世界":"路遥","活着":"余华","装台":"陈彦"}
>>> Dnovel.get("狂人日记","小说不在字典中")  ##get 方法访问
'小说不在字典中'
```

5.4.4　字典元素的增加

字典元素的增加可以用中括号。我们可以通过"字典变量[键]=某个值"来对字典的某个数据项进行赋值。赋值时，当该键原本在该字典中时，就修改该键对应的值；当该键不在该字典中时，就创建一个键，并进行赋值。

```
>>> Dnovel={"平凡的世界":"路遥","活着":"余华","装台":"陈彦"}
>>> Dnovel["狂人日记"]="鲁迅"
```

```
>>> Dnovel
{'平凡的世界': '路遥', '活着': '余华', '装台': '陈彦', '狂人日记': '鲁迅'}
```

5.4.5　字典元素的删除

字典元素的删除如表 5-10 所示。

表 5-10　字典元素的删除

用　法	描　述
<d>.pop(<key>,<default>)	如果 key 存在，返回 key 对应的值，否则返回 default，并删除该键值对
<d>.popitem( )	随机返回一个键值对，以元组(key，value)返回，并删除该键值对
<d>.clear( ):	删除所有的键值对
del	删除字典中的某一个元素

字典元素的删除，实例如下：

<d>.pop(<key>,<default>):

```
>>> Dnovel={"平凡的世界":"路遥","活着":"余华","装台":"陈彦"}
>>> Dnovel.pop("装台")
'陈彦'
>>> Dnovel
{'平凡的世界': '路遥', '活着': '余华'}
```

<d>.popitem( ):

```
>>> Dnovel={"平凡的世界":"路遥","活着":"余华","装台":"陈彦"}
>>> Dnovel.popitem()
('装台', '陈彦')
>>> Dnovel
{'平凡的世界': '路遥', '活着': '余华'}
```

<d>.clear( ):

```
>>> Dnovel={"平凡的世界":"路遥","活着":"余华","装台":"陈彦"}
>>> Dnovel.clear()
>>> Dnovel
{}
```

del：　删除字典中的某一个元素

```
>>> Dnovel={"平凡的世界":"路遥","活着":"余华","装台":"陈彦"}
>>> del Dnovel["装台"]
>>> Dnovel
{'平凡的世界': '路遥', '活着': '余华'}
```

5.4.6 字典元素的修改

字典元素的修改可以用中括号。例如，修改已经存在的键所对应的值：

```
>>> Dnovel={"平凡的世界":"路遥","活着":"yu 华","装台":"陈彦"}
>>> Dnovel["活着"]="余华"
>>> Dnovel
{'平凡的世界': '路遥', '活着': '余华', '装台': '陈彦'}
```

5.4.7 字典元素的遍历

Python 中默认字典也是无序的，因此不能使用索引值来访问。但字典是可以循环遍历的，由于字典每个数据项包含值和键，因此既可以对键循环遍历，也可以对值循环遍历，还可以对它们同时循环遍历。

1. 遍历字典的 key(键)

```
Dnovel={"平凡的世界":"路遥","活着":"余华","装台":"陈彦"}
for key in Dnovel.keys():
    print(key,end=" ")
```

因为最常使用的循环遍历是对键进行遍历，所以.keys( )可以省略，代码如下：

```
Dnovel={"平凡的世界":"路遥","活着":"余华","装台":"陈彦"}
for key in Dnovel:
    print(key,end=" ")
```

运行结果如下：
平凡的世界 活着 装台

2. 遍历字典的 value(值)

```
Dnovel={"平凡的世界":"路遥","活着":"余华","装台":"陈彦"}
for key in Dnovel:
    print(Dnovel.get(key),end=" ")
```

或者：

```
Dnovel={"平凡的世界":"路遥","活着":"余华","装台":"陈彦"}
for author in Dnovel.values():
    print(author)
```

运行结果如下：
路遥 余华 陈彦

3. 遍历字典的项(元素)

```
Dnovel={"平凡的世界":"路遥","活着":"余华","装台":"陈彦"}
for item in Dnovel.items():
```

```
        print(item,end=" ")
```

运行结果如下：

('平凡的世界', '路遥') ('活着', '余华') ('装台', '陈彦')

4. 遍历字典的 key-value

```
Dnovel={"平凡的世界":"路遥","活着":"余华","装台":"陈彦"}
for key,value in Dnovel.items():
    print("小说{}的作者是{}".format(key,value))
```

运行结果如下：

小说平凡的世界的作者是路遥

小说活着的作者是余华

小说装台的作者是陈彦

【例 5-5】 把字典 zd={1:3,3:5,2:1,5:9}按键排序并输出对应的值。

```
zd={1:3,3:5,2:1,5:9}
ls=list(zd.keys())
ls.sort()
for i in ls:
    print("键{}的值：{}".format(i,zd.get(i)))
```

运行结果如下：

键 1 的值：3

键 2 的值：1

键 3 的值：5

键 5 的值：9

【例 5-6】 我们热爱祖国，热爱中国共产党。已知中国共产党全国代表大会(部分)的召开时间如表 5-11 所示。让我们开发一个程序，根据中国共产党全国代表大会的名称猜召开时间。

表 5-11　中国共产党全国代表大会(部分)的召开时间

中国共产党全国代表大会的名称(title)	召开时间(date)
十五大	1997
十六大	2002
十七大	2007
十八大	2012
十九大	2017

```
import random
cpcDict = {"十五大":"1997","十六大":"2002","十七大":"2007","十八大":"2012","十九大":"2017"}

date=list(cpcDict.values())#召开时间
```

```
title=list(cpcDict.keys()) #大会名称
p=random.choice(title) #随机出一个大会的名称
print(p,'的召开时间')
#显示4个选项，其中一个是正确答案，另外三个选项需要从备选集合中任选三个
right_answer=cpcDict[p]
date.remove(right_answer)
#从中选择三个
mul=list(date)
random.shuffle(mul) #打乱答案顺序
items=mul[0:3]
items.append(right_answer)
random.shuffle(items)
head=["A","B","C","D"]
new_dic=dict(zip(head,items))#生成四个选择项{"A":1997,"B":2002,"C":2012,"D":
2017}
for key,value in new_dic.items():
    print(key,value)
answer=input('enter your answer:')
if new_dic[answer]==cpcDict[p]:
    print("恭喜你，答对了!")
else:
    print("你答错了")
```

运行结果如下:

十五大的召开时间

A. 2007

B. 1997

C. 2017

D. 2012

enter your answer:B

恭喜你，答对了!

【例 5-7】　自定义一个列表，统计各个元素在列表中的出现次数。

例 5-2 使用列表方法实现次数的统计，这里使用字典来实现。

```
a = [1, 3, 4, 4, 1, 2]
dict = {}
for key in a:
    dict[key] = dict.get(key, 0) + 1
for key,value in dict.items():
    print("{}出现的次数：{}".format(key,value))
```

5.5　集　　合

集合类型也是一系列数据的组合，与序列类型最大的不同是，集合类型中的数据项是没有顺序的。Python 中的集合类型就叫集合。

集合跟列表有两点不同：

(1) 集合是无序的。这一点前面已经提到了，也就是说集合不像列表和元组那样有第一个数据项、第二个数据项之分，这种特性决定了它不能索引和切片。

(2) 集合是互斥的，也就是说集合中不允许有相同的数据项。

集合的这两种特性特别适合用来储存诸如词汇表之类的数据。

5.5.1　集合的创建

创建集合有以下两种方法：

(1) 直接用{}创建带有元素的非空集合，各个元素间用逗号隔开。注意：{}创建的是空字典，而非空集合。

```
>>> s={3,4,5,4}
>>> s
{3, 4, 5}
```

集合元素值不能修改,所以集合元素只能是整数、实数、字符串、元组和冻结集合，不能是可变的列表、可变集合和字典。

(2) 用 set()创建集合，也可以把字符串、列表或元组转换为集合。

```
>>>setx=set( )        #定义一个空集合
>>> sety=set("abcdab")     #利用字符串生成集合
>>>setz=set([1,2,3,4])    #利用列表生成集合，输出结果为{1, 2, 3, 4}
>>> x=set(range(10))    #输出结果为{0, 1, 2, 3, 4, 5, 6, 7, 8, 9}
```

5.5.2　集合的关系与运算

集合类型的操作符有交(&)、并(|)、差(-)、补(^)。

```
>>> S={2,4,6,8,10}
>>> T={1,2,3,4,5,6}
>>> S|T    #并集是指包括在集合 S 和 T 中的所有元素
{1, 2, 3, 4, 5, 6, 8, 10}
>>> S&T      #交集是指同时包括在集合 S 和 T 中的元素
{2, 4, 6}
>>> S={2,4,6,8,10}
>>> T={1,2,3,4,5,6}
```

```
>>> S-T      #差集是指包括在集合 S 但不在 T 中的元素
{8, 10}
>>> T-S      #差集是指包括在集合 T 但不在 S 中的元素
{1, 3, 5}
>>> S^T      #补集是指包括在集合 S 和 T 中的非相同元素
{1, 3, 5, 8, 10}
```

5.5.3　集合的方法

集合方法如表 5-12 所示。

表 5-12　集合的操作函数或方法

操作函数或方法	描　　述
s.add(x)	如果 x 不在集合 s 中，将 x 增加到 s
s.remove(x)	移除 s 中元素 x，如果 x 不在集合 s 中，产生 KeyError 异常
s.clear()	移除 s 中所有元素
len(s)	返回集合 s 元素的个数
x in s	如果 x 是 s 的元素，返回 True，否则返回 False
x not in s	如果 x 不是 s 的元素，返回 True,否则返回 False

【例 5-8】　自定义一个列表，统计各个元素在列表中的出现次数。

例 5-2、例 5-7 介绍了列表和字典的方法实现次数统计，这里使用集合方法实现次数统计。

```
a = [1, 3, 4, 4, 1, 2]
Lset = set(a)
for i in Lset:
    print(i,'出现的次数',a.count(i))
```

5.6　列表的搜索和排序

在一个数据集中搜索某个数据以及对已有的数据集按照某个规则进行排序是数据处理中最常见的两种任务。所谓排序就是使一组"无序"记录序列，按照其中的某个或某些关键字的大小升序或降序排列起来的操作。排序有内置函数 sort()。例如：

```
#定义一个无序的列表
a=[54,26,93,17,77,31,44,55,20]
a.sort()
  print(a)
```

运行结果如下：

[17，20，26，31，44，54，55，77，93]

本节讲述排序算法就是如何使得列表序列按照要求排列的方法。排序算法有很多种，这里主要介绍下简单算法中的冒泡排序和选择排序。

5.6.1　线性搜索

所谓线性搜索(Linear Search)，也叫顺序查找，就是从列表中查找指定元素。其方法是从列表第一个元素开始，顺序进行搜索，直到找到元素或搜索到列表中的最后一个元素为止。

输入：列表、待查找元素。

输出：元素的索引号，也叫下标(未找到元素时用 False 表示)。

【例 5-9】　线性搜索。

```python
a=[1,3,4,6,7,8,10,13,14]
find_num=int(input("待查找的数是:"))
found=False
for ind,v in enumerate(a):
    if v == find_num:
        print("{}".format(ind))
        break
else:
    print(found)
```

运行结果如下：

待查找的数量：4

2

\>>>

================
============

待查找的数是：15

False

5.6.2　二分搜索

当数据集很大的时候，线性搜索的搜索效率很低；当数据集中的数据已经排好序时，可以采用二分搜索，可快速找到目标。

在有序的列表中，初始候选区为列表所有的元素，每次对要查找的值与候选区中间值进行比较，如果要搜索的值比中间位置的元素小，就丢掉右边一半，否则丢掉左边一半，这样可以使候选区减少一半。这样的搜索每次都把数据集分成两部分，所以叫作二分搜索或折半查找。其算法如下：

从数据集的中间元素开始，如果中间元素正好是 x，则查找成功。否则我们利用中间位置将数据集分为前后两个子数据集。如果 x 小于中间位置的元素，则进一步查找前一个子数据集，否则进一步查找后一个子数据集。

重复以上步骤，直到找到满足条件的元素，或直到子数据集不存在为止，代表查找不成功。

例如，在下列列表 a=[1,3,4,6,7,8,10,13,14]中，总共有 9 个元素，索引号为 0-8，left 变量表示第一个元素索引，right 变量表示最后一个元素下标，mid = (left + right) // 2，表示中间元素的索引。例如，要利用二分搜索查找数字 4，查找过程如下：初始的 left=0，right=8，mid=(0+8)//2=4，a[4]=7，将要查找的元素 4 和 a[4]对应的值为 7 进行比较，4<7，所以应该在 a[4]的左边寻找，a[4]及右边区域就不去管了。这个时候待选区就缩小了，right 右边界应该变为 3，所以由原来的 0～8 的待选区变为 0～3，索引范围缩小了。此时 mid=(0+3)//2=1，a[1]=3，因为 4>3，所以应该在 a[1]的右边查找，此时 left 变为 2，right 还是 3，此时 mid=(2+3)//2=2，a[2]= 4，所以查找成功，得出 4 对应的索引号是 2。二分法查找如图 5-2 所示。

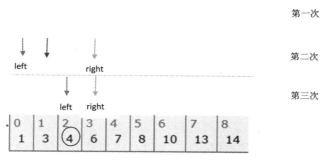

图 5-2　实现二分法查找

整个查找过程可以在 https://pythontutor.com 上清晰展示，如图 5-3 所示。

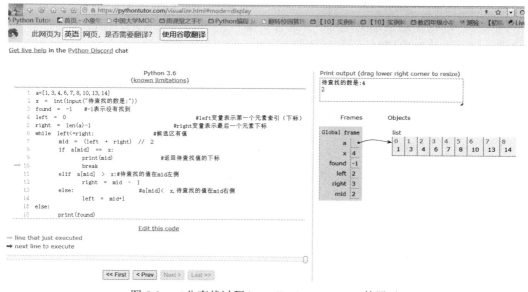

图 5-3　二分查找过程 https://pythontutor.com 的展示

【例 5-10】 二分搜索。

```
a=[1,3,4,6,7,8,10,13,14]
x = int(input("待查找的数是:"))
found = False  # False 表示没有找到
left = 0                        #left 变量表示第一个元素索引(下标)
right = len(a)-1                #right 变量表示最后一个元素下标
while left<=right:              #候选区有值
    mid = (left + right) // 2
    if a[mid] == x:
        print(mid)              #返回待查找值的下标
        break
    elif a[mid] > x:#待查找的值在 mid 左侧
        right = mid - 1
    else:              #a[mid]< x,待查找的值在 mid 右侧
        left = mid+1
else:
    print(found)
```

5.6.3 选择排序

很多场合需要将数据集中的数据排序。选择排序和冒泡排序是常见的排序算法。

选择排序(Selection sort)是一种简单直观的排序算法，它的工作原理如下：首先在未排序序列中找到最小(大)元素存放到排序序列的起始位置，然后再从剩余未排序元素中继续寻找最小(大)元素，放到已排序序列的末尾，依此类推，直到所有元素排序完毕为止。

选择排序的基本思想是比较大小并进行交换。选择排序的升序算法如下：

第一趟：在待排序记录 r[1] ~ r[n]中选出最小的记录，将它与 r[1]交换；

第二趟：在待排序记录 r[2] ~ r[n]中选出最小的记录，将它与 r[2]交换。

以此类推，第 i 趟，在待排序记录 r[i] ~ r[n]中选出最小的记录，将它与 r[i]交换,使有序序列不断增长直到全部排序完毕。

如果是降序排序，则只要将上述算法中的最小值改为最大值即可。

【例 5-11】 选择排序。

```
a=[54,26,93,17,77,31,44,55,20]
n=len(a)                #列表元素的个数
for i in range(n-1):    #排序的总轮数
    min_index=i
    for j in range(i+1,n):
        if a[min_index]>a[j]:
            min_index=j
```

```
        a[i],a[min_index]=a[min_index],a[i]
print(a)
```

运行结果如下:

[17, 20, 26, 31, 44, 54, 55, 77, 93]

5.6.4　冒泡排序

冒泡排序(Bubble Sort)是一种简单的排序算法,它重复地遍历列表,依次比较两个元素,如果他们的顺序错误就把他们交换过来。遍历列表的工作是重复进行比较,直到没有需要交换的元素为止,也就是说该列表已经排序完成。这个算法的名字由来是因为越大的元素会经由交换慢慢"浮"到数列的顶端。

冒泡排序算法(升序)如下:

第一趟:首先比较第 1 个和第 2 个数,将大数放在后面,小数放在前面。接下来比较第 2 个和第 3 个数,将大数放在后面,小数放在前面,如此继续,直到比较到最后的两个数,将大数放在后面,小数放在前面。第一趟比较完成后,最后一个数一定是数组中最大的一个数,所以在比较第二趟的时候,最后一个数是不参加比较的。

第二趟:第二趟与第一趟相似,但是把最后一个数不进行比较。比较完成后,倒数第二个数也一定是数组中倒数第二大数,所以在第三趟的比较中,最后两个数是不参与比较的。

依次类推,每一趟比较次数减少,直至完成冒泡排序。

如果是降序排序,则只要将上述算法中的交换条件改成前面的数大,后面的数小即可。因此:

排序的总轮数 = 列表元素个数−1

每轮元素互相比较的次数 = 列表元素个数−已经排好序的元素个数−1

【例 5-12】　冒泡排序。

```
a=[50,13,55,97,38,49,65]
n=len(a)              #列表元素的个数
print(a)
for i in range(n-1):  #排序的总轮数为 n-1,第 i 趟
    for j in range(0,n-i-1):
        if a[j]>a[j+1]:    #前后两个元素比较
            a[j],a[j+1]=a[j+1],a[j]
    print(a)
```

程序中,外层循环控制总循环次数,内层循环负责每轮的循环比较。

我们在内循环结束后打印出这个列表的情况,可以看出这个泡是怎么冒上来的。

程序运行结果如下:

[50, 13, 55, 97, 38, 49, 65]

[13, 50, 55, 38, 49, 65, 97]

[13, 50, 38, 49, 55, 65, 97]

[13, 38, 49, 50, 55, 65, 97]

[13, 38, 49, 50, 55, 65, 97]
[13, 38, 49, 50, 55, 65, 97]
[13, 38, 49, 50, 55, 65, 97]

扩展:

发扬精益求精的精神, 勇攀科学高峰

在用 Python 解决实际问题时, 同学们要发扬精益求精的精神, 对于同一个题目, 要研究各种解决方法, 解决思路, 做到对知识的融会贯通, 提高程序的运行效率。

例如, 例 5-2 自定义一个列表, 统计各个元素在列表中的出现次数。同学们可以用多种方法来求解。我们可以用列表方法, 也可以用例 5-7 字典方法、例 5-8 集合的方法来求解, 这样大家就能活学活用, 做到知识的融会贯通。在讲搜索和排序时, 我们可以用线性搜索、二分搜索, 冒泡排序、选择排序等方法。当数据集很大的时候, 线性搜索效率很低; 当数据集中的数据已经排好序时, 可以采用二分搜索, 可快速找到目标, 这样就提高了效率。所以同学们不仅要知其然, 还要知其所以然。同样冒泡排序、选择排序是最慢的排序算法, 是排序算法发展的初级阶段。实际上排序算法是很多的, 如插入排序、归并排序、基数排序等, 见图 5-4。他们的时间复杂度和空间复杂度是不同的。感兴趣的同学可以参阅其他的书籍或网站自学。

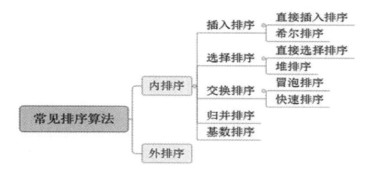

图 5-4　常见排序算法

现在学习途径很多, 慕课、B 站等都有非常好的学习资源, 同学们要不怕困难, 循序渐进, 探索知识的奥秘。程序设计老师只是引路人, 教会你们基本的程序设计的方法和计算思维, 真正要学习好课程, 需要同学们发挥精益求精的精神, 勇攀科学高峰, 用知识报效祖国, 实现人生的价值。

5.7　应用实例: 学生成绩的处理

本节将完成一个较为完整的小项目"学生成绩排名系统", 项目的功能为通过键盘输入全班同学的成绩(每行一位同学的成绩, 输入格式: 学号, 姓名, 数据结构, 操作系统,

数据库原理)，输入空行后结束输入；计算总成绩，按总成绩排名输出全班成绩单；输出每门课程的最高分、最低分以及平均分。代码如下：

```python
print("")
print("欢迎使用成绩排名系统".center(70,"#"))
print("输入成绩，空行结束，具体每行格式如下：")
print("学号，姓名，操作系统，数据结构，数据库原理")
print("成绩输入".center(76,"-"))
#结果返回成绩列表
lsCJ = []
while True:
    line = input()
    ls=line.split(",")
    if len(line) == 0:
        break
    elif len(ls) != 5:
        print("最后一行成绩有误，请重新输入改行!! ")
    else:
        ls[2]=eval(ls[2])
        ls[3]=eval(ls[3])
        ls[4]=eval(ls[4])
        lsCJ.append(ls)


#根据成绩输出排名
for line in lsCJ:
    score=line[2]+line[3]+line[4]
    line.append(score)
    lsCjRank=lsCJ.copy()
lsCjRank.sort(key=lambda x:x[5],reverse=True)
#成绩统计
lsStatCj = []
lx =tuple(zip(*lsCJ))
lsStatCj .append(["最高分", max(lx[2]), max(lx[3]), max(lx[4])])
lsStatCj .append(["最低分", min(lx[2]), min(lx[3]), min(lx[4])])
lsStatCj .append([" 平 均 分 ", sum(lx[2])/len(lx[2]), sum(lx[3])/len(lx[3]),
sum(lx[4])/len(lx[4])])
print("班级成绩排名".center(74,"*"))
#排名结果输出模块
heads=["学号", "姓名", "操作系统", "数据结构", "数据库原理","排名"]
```

```
print(heads[0].center(12-len(heads[0]))+heads[1].center(12-len(heads[1]))+\
heads[2].center(12-len(heads[2]))+heads[3].center(12-len(heads[3]))+\
heads[4].center(12-len(heads[4]))+heads[5].center(12-len(heads[5])))
rank=1
for line in lsCjRank:
    print(line[0].center(12)+line[1].center(12-len(line[1]))+str(line[2]).center
(12)+\
    str(line[3]).center(12)+str(line[4]).center(12, " ")+str(rank).center(12, "
"))
        rank=rank+1
print("统计".center(78,"*"))
#统计结果输出
heads=["统计项", "操作系统", "数据结构", "数据库原理"]
print("{:^9}\t {:^8}\t {:^8}\t {:^7} ".format(heads[0], heads[1] , heads[2] ,
heads[3] ))
    for line in lsStatCj:
    print("{:^9}\t {:^12.1f}\t {:^12.1f}\t {:^12.1f} ".format(line[0], line[1],
line[2], line[3]))
```

运行结果如图 5-5 所示。

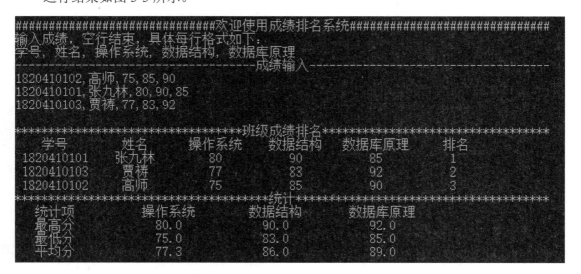

图 5-5　成绩排名系统运行结果

本 章 小 结

本章主要介绍了组合数据类型及其使用，包括列表、元组、字典和集合，并基于列表进一步介绍了搜索与排序算法，最后用列表实现了在实例中对学生成绩进行处理。

习　题

1. 请编写代码。请输入五菜一汤，菜单中有一个菜为"水煮肉片"，利用 append 和 remove 方法增加一个"东坡肉"，去掉一个"水煮肉片"，并输出修改后的菜单。

2. 输入列表元素，列表元素之间用逗号隔开，编写简单的语句，实现以下要求，最后输出修改后的列表。注意，要求采用列表操作方法。

(1) 如果列表中存在 789，则使用 index 方法，将列表 ls 中第一次出现 789 位置的序号打印出来。

(2) 如果列表中存在 789，则使用 insert 方法，在第一次出现的数字 789 后增加一个字符串"012"。

(3) 如果列表中存在 789，则使用 remove()方法删除数字 789。

3. 输入列表元素，考虑列表元素可以为基本数字类型(整数、复数、浮点数、字符串)，元素之间以逗号隔开，将输入转换为列表，并输出列表元素之和。

4. 已知 a = [[1,2,3], [4,5,6], [7,8,9]]，b = [2,4,6]，编写程序计算 a 中各元素与 b 中元素对应项的乘积的累加和。

5. 输入一个整数列表，列表元素为 18 个，元素之间逗号隔开，编写程序，将前 9 个元素升序排列，后 9 个元素降序排列，并输出列表。

6. 输入字典，将字典中所有值以列表形式输出，字典中所有键以列表形式输出，输入格式如下：

{123:"123",456:"456",789:"789"}

输出格式如下：

['123', '456', '789']

[123, 456, 789]

7. 请输入一个课程及其编码的字典，同时用户输入课程名称，编写程序输出课程名称对应的编码，如果用户输入的课程名称不存在，则输出"您输入的键不存在！"，输入形式如下：

{"概率论与数理统计":201, "java 程序设计":202, "高等数学":203, "python 语言程序设计":204, "大学英语":206}

8. 英文字符频率统计。输入一段英文字符，编写一个程序，对该字符串中出现的 a～z 字母频率进行分析，忽略大小写，按照键值降序方式输出。

第6章　函数及代码复用

6.1　函数的基本使用

6.1.1　函数的定义

函数也叫作子程序，是指一段可以直接被另一段程序或代码调用的程序或代码。一个较大的程序一般应分为若干个程序块，每一个程序块用来实现一个特定的功能。所有高级语言中都有子程序这个概念，可用子程序实现模块的功能。所有软件项目是由一个主函数和若干个函数构成的。主函数可以调用其他函数，其他函数之间也可以互相调用。同一个函数可以被一个或多个函数调用任意多次。

在程序设计中，经常将一些常用的功能模块编写成函数，放在函数库中供用户选用。要善于利用函数，以减少重复编写程序段的工作量。

用户可以定义一个自己想要的函数，以下是简单的定义规则：

(1) 函数代码块以 def 关键词开头，后接函数标识符名称(简称函数名)和圆括号()。

(2) 任何传入参数和自变量必须放在圆括号中间。圆括号之间可以用于定义参数。

(3) 函数内容以冒号起始，并且缩进。

(4) return [表达式]结束函数，选择性地返回一个值给调用方。不带表达式的 return 相当于返回 None。

定义函数的语法格式如下：

```
def <函数名>(<参数列表>):
    <函数体>
    return <返回值>
```

其中，函数名可以是任何有效的 Python 标识符；参数列表是调用该函数时传递给它的值，可以有 0 个、1 个或多个，参数之间用逗号隔开，函数即使没有参数，圆括号()也不能省略；函数通过关键字 return 返回结果，当函数不需要返回结果时，return 可以省略。

图 6-1 给出了函数名为 max 的函数的定义，其中 a、b 是函数的两个输入参数，函数体的功

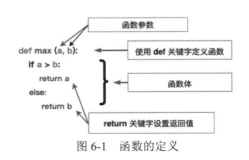

图 6-1　函数的定义

能是返回 a、b 两个参数中较大的那个数，返回值通过 return 返回。

另外，在进行 Python 编程时，还需注意如下几点：

(1) 函数的使用必须遵循先定义、后调用原则。

(2) 没有事先定义函数，直接引用函数名，就相当于在引用一个不存在的变量名。

(3) 在函数定义阶段，只检测函数体的语法，不执行函数体代码。

6.1.2　函数的调用过程

Python 语言中调用函数与其他高级语言中一样，采用函数名加小括号的形式，小括号内是所有传递给函数的参数。注意：即使一个参数都不传递，小括号也不能省略。

为了区分调用函数时的参数和定义函数时的参数，我们把定义函数时的参数称为形参，把调用函数时设定的参数称为实参。

经过如下步骤可完成 Python 函数的调用和执行：

(1) 调用程序在函数处暂停。

(2) 实参的值赋值给形参。

(3) 转到函数入口处，并执行该函数的函数体代码。

(4) 函数调用结束，把函数的返回值带回到函数调用处，程序同时返回到调用处继续执行后续代码。

以下结合 max 函数来进一步说明函数的调用和执行过程。在下面代码中首先定义了一个函数 max，并在主程序中调用了两次 max 函数。整个程序的调用过程如图 6-2 所示。主程序执行到第 1 行代码处暂停，然后把实参 1 赋值给形参 a，实参 2 赋值给形参 b，接着执行函数 max 的函数体，函数执行结束，把执行结果 2 带回到主程序调用处，并赋值给变量 bignum1，此时执行完主程序的第 1 行代码，接下来继续执行后续代码。第 5 行代码的执行过程类似，只是实参变成变量 num1 和 num2。

```python
def max (a, b): # 定义了两个形参，一个是 a，另一个是 b
    if a>b:
        return a
    else:
        return b
#以下是主程序代码
# 传递进去两个实参，一个是 1，另一个是 2
#max 函数的返回值赋值给变量 bignum1 并保存
bignum1  =  max(1,2)
print(bignum1)


num1  =  eval(input("请输入第 1 个数："))
num2  =  eval(input("请输入第 2 个数："))
# 传递进去两个实参，一个是 num 1，另一个是 num 2
# max 函数的返回值赋值给变量 bignum2 并保存
```

```
bignum2  =  max(num1,num2)
print(bignum2)
```

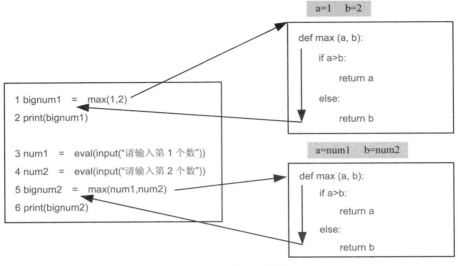

图 6-2　函数调用过程

6.1.3　lambda 函数

　　lambda 函数又叫匿名函数，是指不需要声明函数名称的函数。匿名函数在 Python 编程中的使用频率非常高，使用起来非常灵活、巧妙，是一种特殊的函数定义形式。匿名函数的语法形式如下：

```
lambda [arg1 [,arg2,…,argn]]:expression
```

　　匿名函数用关键字 lambda 定义，冒号前是参数，可以有多个，用逗号隔开，冒号右边为表达式。其实 lambda 返回值是一个函数的地址，也就是函数对象。示例如下：

```
>>>
>>> mysum = lambda x,y : x+y
>>> mysum(1,2)
3
>>> type(mysum)
<class 'function'>
>>>
```

　　lambda 函数和 def 关键字声明的函数尽管在语法上看起来不同，但它们的行为方式是相同的。另外，lambda 函数还需满足如下特性：

　　(1) lambda 只是一个表达式，函数体比 def 简单很多。

　　(2) lambda 的主体是一个表达式，而不是一个代码块。

　　(3) lambda 函数拥有自己的命名空间，且不能访问自有参数列表之外的参数。

6.2 函数的参数传递

6.2.1 可选参数和可变参数

Python 提供了十分灵活的参数传送方式，允许使用可选参数和可变参数。调用一个函数时，可以向函数传送可选参数或者可变的参数。

1. 可选参数

Python 定义函数时的形式参数是固定的，调用时提供的实参也是固定的。也就是说，如果一个过程有 3 个形参，则调用时必须按相同的顺序和类型提供 3 个实参。但在实际编码中，某些函数在调用处指定的实参个数要少于形参个数，原因在于这些函数采用了可选参数。可选参数又称默认参数，是指在定义函数时声明了默认值的参数。调用函数时可以选择不指定部分实参，而直接接收其默认值。例如：

```
>>> def scale(a, ratio=2):
...     return a*ratio
>>> scale(2)
4
>>> scale(2, 1.1)
2.2
>>>
```

函数 scale 在定义时指定了 ratio 是一个默认参数，默认值为 2。用 scale(2)进行函数调用时，只有一个实参 2 赋值给形参 a，ratio 默认为 2，因此结果为 4；用 scale(2, 1.1) 进行函数调用时，此时形参 ratio 也被赋值为 1.1，因此结果为 2.2。

在使用可选参数时，应注意如下几点：

(1) 在定义函数时，可以为部分或者全部形参指定默认值。有默认值的参数必须放在没有默认值的所有参数之后。

(2) 默认值必须是确定的常量值。

2. 可变参数

在定义函数时，可能会出现无法确定函数个数的情形，甚至在运行之前参数的数目也是未知的，每次调用的函数其参数数目也可能不同，此时可使用可变参数。Python 中通过在参数前加*表示该参数是可变参数，调用时可变参数会收集所有未匹配的参数组成一个 tuple 对象，传递给函数使用。

注意，如果函数参数中既要接收已知数量的实参，又要接收任意数量的实参，则必须遵循一个原则，即将接收任意数量实参的形参放在最后。

```
>>> def mysum(a, *b):
...     s=a;
...     for num in b:
```

```
...         s = s + num
...     return s
...
>>> mysum(1,2)
3
>>> mysum(1,2,3)
6
>>>
```

6.2.2　参数的位置传递和名称传递

函数的参数就是函数和调用者之间的通信协议。作为通信协议，最重要的是保持一致，即调用者和函数之间对参数的要求一致。因此，只有正确传递函数的参数，才能获得正确的函数处理结果。Python 在调用函数时，实参默认采用从左到右的位置顺序传递给形参。例如，下面示例中在调用 mysum 函数时传入的参数为 1 和 2，按参数的位置顺序，1 传递给形参 a，2 传递给形参 b。这种传递方式要求形参和实参个数相同，顺序也相同。

```
def mysum(a, b): # 定义了两个形参，一个是 a，另一个是 b
   return a+b
mysum(1, 2) # 传递进去两个实参，一个是 1，另一个是 2
```

按位置传递参数的方式其代码比较简洁，但在函数参数较多时，很难理解每个实参的含义，代码的可读性较差。另外，函数定义有多个默认参数，如果只想改变中间的默认参数，则该默认参数前面的默认参数也必须给定。因此，Python 还提供了利用形参名称来传递参数的方式，即在调用时同时指定形参和实参。例如，下面示例中 mysum 的调用，直接给定 b = 2，a = 1，明确实参是传递给具体的形参。按名称传递参数的方式，调用函数时参数的顺序与声明时可以不一致，即参数的顺序可以任意调整。

```
mysum(b=2,a=1)
```

6.2.3　函数的返回值

return[表达式]语句用于退出函数，并将处理结果返回到函数被调用处的变量。return 语句可以返回 0 个、1 个和多个值。不带参数值的 return 语句返回 None；return 语句带多个值时以元组类型返回。

函数可以没有 return 语句，此时函数并不返回值，结果也是 None。例如：

```
>>> def func0(a):
...     return
...
>>> type(func0(1))
<class 'NoneType'>
```

```
>>>
>>> def func1(a):
...     return a
...
>>> type(func1(1))
<class 'int'>
>>> type(1)
<class 'int'>
>>> def func2(a, b):
...     return b,a
...

>>> type(func2(1,2))
<class 'tuple'>
```

【例 6-1】　编写 isPrime()函数实现：判断正整数 n(n≥2)是否为素数，然后利用该函数输出 50 以内的所有素数。

例 4-20 中实现了对某个正整数 n 的素数的判断，这里要求我们用函数 isPrime()实现该功能。首先需要在函数定义中用形参 n 表示需判断的数，在函数体中实现对形参 n 的判断，函数返回值为逻辑值，为 True 表示该数是素数，为 False 表示该数不是素数。注意，例 4-20 中用 input 语句接收数据的输入，而在函数中用形参 n 接收数据(实参)的输入。

在主程序中，用 for 逐个调用函数 isPrime()判断实参 i 是否为素数，如果 isPrime()的返回结果为 True，则打印此时的 i 值，具体代码如下所示。

```
#素数判断函数
def isPrime (n):
    if n < 2:
        return False
    for i in range(2, n):
        if n % i == 0:
            return False
        else:
            return True
#主程序
print("50 以内的素数有: ",end="")
for i in range(1,50):
    if isPrime(i):
        print(i, end=" ")
```

代码运行结果如下：

50 以内的素数有：2 3 5 7 11 13 17 19 23 29 31 37 41 43 47

【例 6-2】 输出 2020—2120 年中所有的闰年。

思路：闰年的判断可参考例 4-12，本题中可以把判断过程封装成函数 isLeap()，该函数的返回值为 True 表示判断的年份为闰年，否则不是闰年。在主程序用 for 循环调用函数 isLeap() 逐个判断 2020—2120 年中每年是否为闰年，并输出结果。

```python
#闰年判断函数
def isLeap(year):
    if (year % 4 == 0):
        if (year % 100 == 0):
            if (year % 400 == 0):
                return True
            else:
                return False
        else:
            return True
    else:
        return False

#主程序
print("2020 至 2120 以内的闰年有：",end="")
for y in range(2020,2120):
    if isLeap (y):
        print(y, end=" ")
```

6.2.4 函数对变量的作用

有了函数定义后，变量定义可以在函数内或者函数外，是否所有的变量都可以在整个程序执行过程中有效呢？这个就是变量的作用域问题。所谓变量作用域，就是变量的可用性范围。通常来说，一段程序代码中所用到的名字并不总是有效可用的，有些变量可以在整段代码的任意位置使用，有些变量只能在函数内部使用，退出函数时这些变量就不存在了，而限定这个名字的可用性的代码范围就是这个名字的作用域。作用域的使用，可提高程序逻辑的局部性，增强程序的可靠性，减少名字冲突。从作用域角度区分，变量可分为全局变量和局部变量，本节我们只讲解这两种变量。

1. Python 全局变量

全局变量的默认作用域是整个程序，即全局变量既可以在各个函数的外部使用，也可以在各个函数的内部使用。定义全局变量的方式有以下两种：

(1) 在函数体外定义的变量一定是全局变量，例如下面的代码中，n 在函数外定义，为全局变量，函数内外都可以访问。

```
>>> n=1 #n 是全局变量
>>> def func1():
...     print("函数体内访问 n: ",n)
...
>>> func1()
函数体内访问 n: 1
>>> print("函数体外访问 n: ",n)
函数体外访问 n: 1
>>>
```

（2）在函数体内用 global 关键字定义全局变量。例如：

```
>>> def func2():
...     global m #m 是全局变量
...     m=1
...     print("函数体内访问 m: ",m)
...
>>> func2()
函数体内访问 m: 1
>>> print("函数体外访问 m: ",m)
函数体外访问 m: 1
```

运行结果与上面相同。要注意的是在函数内定义的全局变量必须是执行函数内的 global 语句后变量才建立，故必须先调用函数后才能使用该变量，否则会出现变量未定义错误。

```
>>> del n
>>> def func():
...     global n
...     n=1
...     print("函数体内访问 n: ",n)
...
>>> print("函数体内访问 n: ",n)
Traceback (most recent call last):
  File "<stdin>", line 1, in <module>
NameError: name 'n' is not defined
>>>
```

如果既在函数外定义，又在函数内用 global 定义同名变量，又会出现什么情况呢？看一下如下代码，此时可以发现变量 n 是同一个变量，在函数内改变值会带回到函数外。

```
>>> n=1 #n 是全局变量
>>> def func3():
...     global n
...     n = n + 1
...     print("函数体内访问 n: ",n)
```

```
...
>>> func3()
函数体内访问 n: 2
>>> print("函数体外访问 n: ",n)
函数体外访问 n: 2
>>>
```

再来看如下代码：

```
>>> n=1
>>> def func4():
...     n=n+1
...     print("函数体内访问 n: ",n)
...
>>> func4()
Traceback (most recent call last):
  File "<stdin>", line 1, in <module>
  File "<stdin>", line 2, in func4
UnboundLocalError: local variable 'n' referenced before assignment
>>>
```

从这个例子中可以发现，如果要函数内把修改的值带出到函数外，必须在函数内用 global 声明，否则会出现局部未定义。

如果处理的是组合数据类型，又会出现什么情况呢？下面以列表数据类型为例，理解如下代码：

```
>>> ls=[]
>>> def func6():
...     ls.append(2)
...     print("函数体内访问 ls: ",ls)
...
>>> func6()
函数体内访问 ls: [2]
>>> print("函数体外访问 ls: ",ls)
函数体外访问 ls: [2]
```

可以发现，对于组合数据类型的变量，不需要用 global 声明，就可以把函数内修改的值带回到函数外。实际上组合数据类型可以看作容器，在该类型的对象中可以放置多个数据并操作，它们在使用时首先要创建这个容器对象，然后才能使用。[]的实际作用是创建一个列表的容器对象，而在函数中对列表 ls 操作就是前面创建的同一个对象。

2. 局部变量

局部变量只能在其被声明的函数内部访问，调用函数时，所有在函数内声明的变量名称都将被加入到作用域中，在函数执行完毕后，变量随即会被释放并回收，此时函数外无法访问到该变量。如下代码所示，在函数外定义了一个全局变量 n，在函数内定义了一个同名的局部变量，两个 n 赋值不同，等函数调用结束后，局部变量 n 就被释放，所以在函数外访问的是全局变量 n。

```
>>> n=1   #n 是全局变量
>>> def func7():
...     n = 2                #n 是局部变量，与全局变量 n 同名
...     print("函数体内访问 n：",n)
...
>>> func7()
函数体内访问 n： 2
>>> print("函数体外访问 n：",n)
函数体外访问 n： 1
>>>
```

如果在函数内想使用与全局变量同名的组合数据类型对象，我们就必须在函数内重新创建对象。代码示例如下，从示例中可以看出函数内操作的是一个新的列表对象。

```
>>> ls=[2]
>>> def func8():
...     ls=[]
...     ls.append(3)
...     print("函数体内访问 ls：",ls)
...
>>> func8()
函数体内访问 ls： [3]
>>> print("函数体外访问 ls：",ls)
函数体外访问 ls： [2]
>>>
```

总结一下，Python 函数对变量的作用域遵循如下原则：

(1) 简单数据类型变量无论是否与全局变量重名，仅在函数内部创建和使用，函数退出后变量被释放，如有全局同名变量，其值不变。

(2) 简单数据类型变量在用 global 关键字声明后，作为全局变量使用，函数外有同名变量，其实质是同一变量，函数退出后变量值将保留，即可以在函数内改变该变量。

(3) 组合数据类型的全局变量如果在函数内没有被创建，函数内就可以直接使用和改变全局变量的值。

(4) 如果在函数内重新创建了组合数据类型变量，不管是否与全局有同名变量，该变量是局部，只能在函数内使用，退出函数后该变量会被释放回收，同样不会影响到全局变量的值。

6.3　函数与模块化设计

程序是由代码组成的，随着程序解决问题复杂度的增加，代码会越来越多，如果不划

分模块，程序可读性变得很糟糕，就算是最好的程序员也很难理解程序含义，后期也会越来越难以进行升级和维护。解决这一问题的最好方法是将一个程序分割成短小的程序段，每一段程序完成一个小的功能。对程序合理划分功能模块并基于模块设计程序是一种常用方法，被称为"模块化设计"。模块化设计的思路其实就是分而治之的思想，把一个项目分成不同的模块。模块化编程带来的一个好处是既可以降低问题的难度，同时又把不同模块交给了不同的人，大家分工协作就能快速完成，另外对后期维护、管理、移植也只需要修改相关的模块即可，后期的维护工作也会简化和高效。

每个软件项目的开发首先是对该软件的功能进行模块化设计，形成易于理解的软件结构。而最终每个模块会对应到一组函数上，所有函数是程序的一种基本的抽象方式，把代码通过命名的方式有机地组织起来。因此，使用函数是模块化设计的必要条件，根据功能需求合理划分函数十分重要。

进行函数封装后的代码最直接的好处是代码复用，任何其他代码只要输入参数即可调用函数，从而避免相同功能代码在被调用处重复编写。后期的程序修改和维护也只需要更新部分函数功能，所有被调用处的功能都被更新。

进行模块化设计时，需要考虑如下两个要求：

(1) 紧内聚：尽可能合理划分功能块，功能块内部耦合紧密。

(2) 松耦合：模块间关系尽可能简单，功能块之间耦合度低。

> **扩展：**
>
> 函数和模块化体现分而治之的思想，每个函数有自己独立的功能，边界分明，每个函数只要完成自己分内的事即可。同时函数有讲究的是合作，函数是为被调用者服务的，同时也享受着其他被调用函数的服务；每个函数的最终目标一致，都是为了项目的整个功能服务。有了函数同时也会提高工作效率，开发者之间相互帮助，各取所长，把自己擅长的函数高效完成，把暂时不擅长的交给别的同事，使得工作进度更快；同时，同事之间相互之间交流讨论函数中算法和思想，相互学习相互提高。开发者之间会存在良性的竞争，在整个开发过程中实现的函数及代码越多也就意味着你完成的工作量越大，在公司考核中的优势也就越大，特别是现在的互联网公司。
>
> 这种思想同样可以用在学习，同学之间可以进行合作学习，做一个高效的合作者。合作学习是指在小组或团队中为了完成共同的任务，经历动手实践、自主探索和合作交流的过程，进行的有明确责任分工的互助性学习。开展合作学习，首先需要具备自主学习的能力，你不但是知识学习者，更重要的是你同时也是学习知识和经验的分享者。开展合作学习，还需要清醒的自我认知，要成为富于合作精神的人，首先要成为最了解自己的人，要知道自己的长处和短处在哪里，哪里需要学习改进，在哪方面可以做出贡献。开展合作学习，重在合作，同学间进行分工明确的学习，同时要把学习到的内容在团体内进行交流讨论，共同提高，同时也提高了学习的效率。开展合作学习，成员之间或者团体间都可以进行有效的竞争，激发了学习热情，更深的挖掘了个体学习潜能，增大了信息量，使同学在互补促进中共同提高。
>
> 其实，不管是学习还是工作，分工合作是提高效率的一种重要手段，但也需要从整个流程考虑，找出合作的关键节点，合理处理，才能提升效率。

6.4　递　归　函　数

6.4.1　递归的定义

递归是指在函数的定义中使用函数自身的方法。递归，顾名思义，其包含了两个意思：递和归。这正是递归思想的精华所在。递是指递归问题必须可以分解为若干个规模较小、与原问题形式相同的子问题，这些子问题可以用相同的解题思路来解决；归是指这些问题的演化过程是一个从大到小、由近及远的过程，并且会有一个明确的终点(临界点)，一旦到达了这个临界点，就不用再往更小、更远的地方走下去，最后从这个临界点开始，原路返回到原点，使原问题得以解决。递归在数学和计算科学中的应用非常强大，能够简便地解决重要问题。

数学上有些经典的递归的例子，比如斐波拉契数列。观察一下斐波拉契数列的规律：

0，1，1，2，3，5，8，13，21，34，55，89，…

数列中第 1 个数为 0，第 2 个数为 1，第 3 个数开始其值为前面两个数的和。实际上这个序列可以给出其递归的定义：

$$f(x) = \begin{cases} 0 & x = 0 \\ 1 & x = 1 \\ f(x-1) + f(x-2) & x \geq 2 \end{cases}$$

由斐波拉契数列这个实例可知，递归应该具有如下三个要素：

(1) 明确递归终止条件。终止条件即递归的临界点，一旦达到这个临界点，就不用继续往下递，而是实实在在地归来。换句话说，该临界点就是一种简单情境，可以防止无限递归。例如，斐波拉契数列的结束条件是：x 为 1 和 0。

(2) 给出递归终止时的处理办法。递归的临界点存在简单解决方案。一般在临界点，问题的解决方案是直观的、容易的。例如，斐波拉契数列在临界点有 f(0) = 0，f(1) = 1。

(3) 提取重复的逻辑，缩小问题规模。递归问题必须可以分解为若干个规模较小、与原问题形式相同的子问题，这些子问题可以用相同的解题思路来解决。从程序实现的角度而言，我们需要抽象出一个干净、利落的重复的逻辑，以便使用相同的方式解决子问题。比如，将斐波拉契数列缩小规模的思路为 f(x) = f(x−1) + f(x−2)。

6.4.2　递归的使用

递归函数每次调用都会引起新函数的开始，在进入新函数前会把当前函数的本地变量值的副本，包括函数的参数保存在临时存储器中，每层函数之间相互没有影响，如此一层一层深入调用下去直到临界点。函数在临界点获取处理结果后，再返回到上一层函数，计算处理结果，如此逐层返回，直到最上层函数，计算最后的结果。

【例 6-3】　编程实现计算斐波拉契数列中第 n 个数。

思路：按 6.4.1 节中对斐波拉契数列的递归定义设计函数 fib()，利用调用 fib()求取斐波拉契数列中第 n 个数。

　　fib()函数的实现如下所示，在代码中还利用 fib()函数，求取了斐波拉契数列第 4 个数，程序的最终运行结果为 3。

```
def fib(x):
  if x < 2:
     return 0 if  x == 0 else 1
  return fib(x-1) + fib(x-2)        #当 x>2 时，开始递归调用 fib()函数

#主程序
print(fib(4))
```

　　具体 fib(4)递归调用过程如图 6-3 所示，每个方框表示当前函数层，中间双向箭头表示递归关系，箭头上方或者左边的数字表示递归调用下一层函数时的参数，箭头下方或者右边的数字表示下层函数的返回结果。

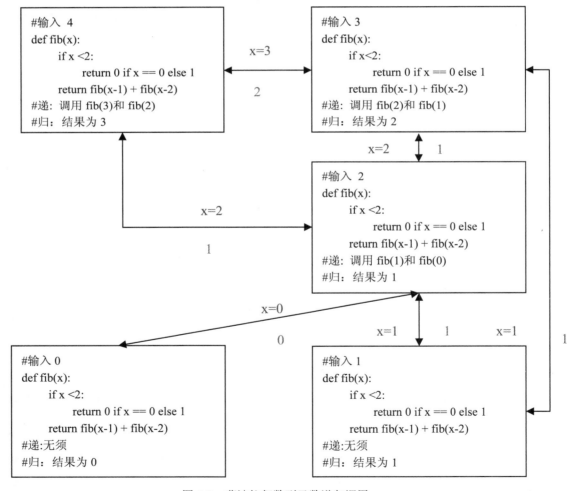

图 6-3　斐波拉契数列函数递归调用

【例 6-4】　实现递归函数 fact()，求某自然数的阶乘。

思路：阶乘的递归定义为 $\mathrm{fact}(n)=\begin{cases} n*\mathrm{fact}(n-1) & n>1 \\ 1 & n=0 \end{cases}$。

```
def fact(n):
    if n == 0:
        return 1
    else:
        return n*fact(n-1)
n = abs(eval(input("阶乘请输入一个整数")))
print(fact(int(n)))
```

6.5　Python 内置函数

Python 原始安装后解释器中自带安装的函数叫内置函数，这些函数基本都是使用频率比较频繁或者元操作。根据内置函数其操作的对象和运算的类型不同，可以把 Python 内置函数分为数学运算(当然除了加减乘除)、逻辑判断、集合操作、基本 IO 操作、反射操作和字符串操作等。需重点掌握的内置函数已经在下列各表中标注，请读者重点注意。

1. 数学运算

Python 内置函数(数学运算)如表 6-1 所示。

表 6-1　Python 内置函数(数学运算)

函　数	功　能　介　绍	要求
abs(x)	返回数的绝对值 ① 参数可以是整型，也可以是复数； ② 若参数是负数，则返回负数的模	掌握
complex([real[, imag]])	创建一个复数	掌握
divmod(a, b)	分别取商和余数 注意：整型、浮点型都可以	掌握
float([x])	将一个字符串或数转换为浮点数。如果无参数则返回 0.0	掌握
int([x[, base]])	将一个字符转换为 int 类型，base 表示进制	掌握
pow(x, y[, z])	返回 x 的 y 次幂	掌握
range([start], stop[, step])	产生一个序列，默认从 0 开始	掌握
round(x[, n])	四舍五入	掌握
sum(iterable[, start])	对集合求和	掌握
oct(x)	将整数转换为八进制字符串	掌握
hex(x)	将整数 x 转换为十六进制字符串	掌握

续表

函　数	功 能 介 绍	要求
chr(i)	返回整数 i 对应的 ASCII 字符	掌握
bin(x)	将整数 x 转换为二进制字符串	掌握
bool([x])	将 x 转换为 Boolean 类型	掌握

2. 集合操作

Python 内置函数(集合操作)如表 6-2 所示。

表 6-2　Python 内置函数(集合操作)

函　数	功 能 介 绍	要求
basestring()	str 和 unicode 的超类，不能直接调用，可以用作 isinstance 判断	
format(value [, format_spec])	格式化输出字符串,格式化的参数顺序从 0 开始, 如"I am {0},I like {1}"	
enumerate(sequence [, start = 0])	获取集合(例如元组)并将其作为枚举对象返回	
iter(o[, sentinel])	生成一个对象的迭代器，第二个参数表示分隔符	
max(iterable[, args…][key])	返回集合中的最大值	掌握
min(iterable[, args…][key])	返回集合中的最小值	掌握
dict([arg])	创建数据字典	掌握
list([iterable])	创建列表或者将元组或字符串转换为列表	掌握
set()	set 对象实例化	掌握
frozenset([iterable])	产生一个不可变的 set	
str([object])	转换为 string 类型	
sorted(iterable[, cmp[, key[, reverse]]])	队集合排序	掌握
tuple([iterable])	生成一个 tuple 类型	

3. 逻辑判断

Python 内置函数(逻辑判断)如表 6-3 所示。

表 6-3　Python 内置函数(逻辑判断)

函　数	功 能 介 绍	要求
all(iterable)	如果可迭代对象中的所有项均为 True，则返回 True	掌握
any(iterable)	如果可迭代对象中的任何项为 True，则返回 True	掌握

4. 反射操作

Python 内置函数(反射操作)如表 6-4 所示。

表 6-4　Python 内置函数(反射操作)

函　数	功　能　介　绍	要求
callable(object)	检查对象 object 是否可调用。 ① 类是可以被调用的; ② 实例是不可以被调用的,除非类中声明了＿＿call＿＿方法	
classmethod()	把方法转换为类方法	
compile(source, filename, mode[, flags[, dont_inherit]])	将 source 编译为代码对象。代码对象能够通过 exec 语句来执行或者 eval()进行求值 ① 参数 source:字符串或者 AST(Abstract Syntax Trees)对象。 ② 参数 filename:代码文件名称,如果不是从文件读取代码则传递一些可辨认的值。 ③ 参数 model:指定编译代码的种类。可以指定为"exec""eval""single"。 ④ 参数 flag 和 dont_inherit:这两个参数暂不介绍	
dir([object])	返回指定对象的属性和方法的列表 ① 不带参数时,返回当前范围内的变量、方法和定义的类型列表; ② 带参数时,返回参数的属性、方法列表	
delattr(object, name)	从指定的对象中删除指定的属性(属性或方法)	
eval(expression[, globals [, locals]])	计算表达式 expression 的值	
exec(object[, globals [, locals]])	执行指定的代码(或对象)	
filter(function, iterable)	使用过滤器函数排除可迭代对象中的数据项,等价于[item for item in iterable if function(item)]	
getattr(object, name [, default])	获取一个类的属性	
globals()	返回一个描述当前全局符号表的字典	
hasattr(object, name)	判断对象 object 是否包含名为 name 的特性	
hash(object)	如果对象 object 为哈希表类型,返回对象 object 的哈希值	掌握
id(object)	返回对象的唯一标识	掌握
isinstance(object, classinfo)	判断指定的对象是指定对象的实例	
issubclass(class, classinfo)	判断指定的类是指定对象的子类	
len(s)	返回对象的长度	掌握

续表一

函　数	功　能　介　绍	要求
locals()	返回当前本地符号表的更新字典	
map(function, iterable, …)	遍历每个元素，执行 function 操作	
memoryview(obj)	返回内存视图(memory view)对象	
next(iterator[, default])	返回可迭代对象中的下一项	
object()	返回新的 object 对象	
property([fget[, fset[, fdel[, doc]]]])	获取、设置、删除属性	
setattr(object, name, value)	设置属性值	
repr(object)	将一个对象变换为可打印的格式	
slice(start,end,slide)	创建 slice 对象用于切片	
staticmethod	把方法转换为静态方法	
super(type[, bject-or-type])	返回表示父类的对象	
type(object)	返回该 object 的类型	
vars([object])	返回对象的变量，若无参数，则与 dict()方法类似	
bytearray([source [, encoding [, errors]]])	返回一个 byte 数组 ① 如果 source 为整数，则返回一个长度为 source 的初始化数组； ② 如果 source 为字符串，则按照指定的 encoding 将字符串转换为字节序列； ③ 如果 source 为可迭代类型，则元素必须为[0，255]中的整数； ④ 如果 source 为与 buffer 接口一致的对象，则此对象也可以用于初始化 bytearray	
zip([iterable,…])	创建一个元组的迭代器，元组的内容为指定迭代中的按位置对应的元素组成	掌握

5. 基本 IO 操作

Python 内置函数(基本 IO 操作)如图 6-5 所示。

表 6-5　Python 内置函数(基本 IO 操作)

函　数	功　能　介　绍	要求
input([prompt])	获取用户输入，推荐使用 raw_input，因为该函数将不会捕获用户的错误输入	掌握
open(name[, mode[, buffering]])	打开文件	掌握
print	打印函数	掌握
raw_input([prompt])	设置输入，输入都是作为字符串处理	

常用内置函数使用示例介绍如下：

(1) 可 hash 的数据类型即不可变数据类型，不可 hash 的数据类型即可变数据类型。

```
#hash 的作用：生成哈希码，用作比较对象是否一致
print(hash('12sdfdsaf3123123sdfasdfasdfasdfasdfasdfasdfasfasfdasdf'))
print(hash('12sdfdsaf31231asdfasdfsadfsadfasdfasdf23'))

name='alex'
print(hash(name))
print(hash(name))

print('--->before',hash(name))
name='sb'
print('=-=>after',hash(name))
```

执行结果：

1982976672

864959982

-2006403263

-2006403263

--->before -2006403263

=-=>after 805524431

(2) zip 将对象逐一配对。

```
print(list(zip(('a','n','c'),(1,2,3))))
print(list(zip(('a','n','c'),(1,2,3,4))))
print(list(zip(('a','n','c','d'),(1,2,3))))
```

执行结果：

[('a', 1), ('n', 2), ('c', 3)]

[('a', 1), ('n', 2), ('c', 3)]

[('a', 1), ('n', 2), ('c', 3)]

(3) reversed 反转。

```
1 l=[1,2,3,4]
2print(list(reversed(l)))
3print(l)
```

执行结果：

[4, 3, 2, 1]　　#反转

[1, 2, 3, 4]

(4) set 集合。

```
1print(set('hello'))    #集合
```

执行结果：

1 {'l', 'e', 'o', 'h'}

(5) sorted 排序。

```
1 l=[3,2,1,5,7]
2 l1=[3,2,'a',1,5,7]
3print(sorted(l))    #排序
4# print(sorted(l1)) #直接运行会报错，因为排序本质就是在比较大小，不同类型之间不可以
比较大小
```

执行结果：

1 [1, 2, 3, 5, 7]

6.6　程序的调试(函数的跟踪进入)

在第 4 章中，介绍了 VS Code 中程序调试的基本调试过程和调试的手段。有了函数以后，还需要掌握几个调试的功能。在介绍调试功能前，介绍几个调试时候的场景。第一个场景，在查找问题的时候，能够确定认为问题不在某个函数 A 时或者认为函数 A 不会对问题有影响时，可以不关注该函数 A 的执行细节，因此，可以直接大步地执行完该函数，这个调试功能叫 step over。第二个场景，在调试过程中，运行到函数 B 调用处，如果需要了解函数 B 对内部执行逻辑，也就是要了解此时的函数的执行细节，那么可以跟踪进入函数 B，继续调试，这个调试功能叫 step into。还有一个场景，已经跟踪进入了函数 C，已经在函数 C 中了解了想知道的信息，此时后面的函数 C 的执行过程不需要关心了，想快速执行 C 函数内后面的代码，并快速返回函数 C 的调用处，这个调试功能叫 step out。也就是说，在对函数调试的时候，除了在第 4 章中介绍的调试功能外，还需掌握如下三个调试功能：

(1) step into：单步执行，遇到子函数就进入并且继续单步执行(简而言之，进入子函数)。

(2) step over：单步执行时，在函数内遇到子函数时不会进入子函数内单步执行，而是将子函数整个执行完再停止，也就是把整个子函数作为一步。

(3) step out：当单步执行到子函数内时，用 step out 就可以执行完子函数余下部分，并返回到上一层函数。

需要强调的是，在不存在子函数的情况下，step over 和 step into 的效果是一样的。

下面以代码示例 6-2 示例，在 VS Code 中用 step into、step over、step out 进行调试的现象，首先在 VS Code 中打开源文件代码示例 6-2.py，再在函数 isPrime()调用处设置断点，并启动调试，如图 6-4 所示。然后按 step over 命令按钮，如图 6-5 所示。此时代码指针指示在第 12 行代码上，在界面的左侧显示有函数 isPrime()的返回值为 False，说明函数已经执行完了，代码指针已经到下一条要执行的代码，也就是说第 13 行代码当作一条普通的语句执行完了。

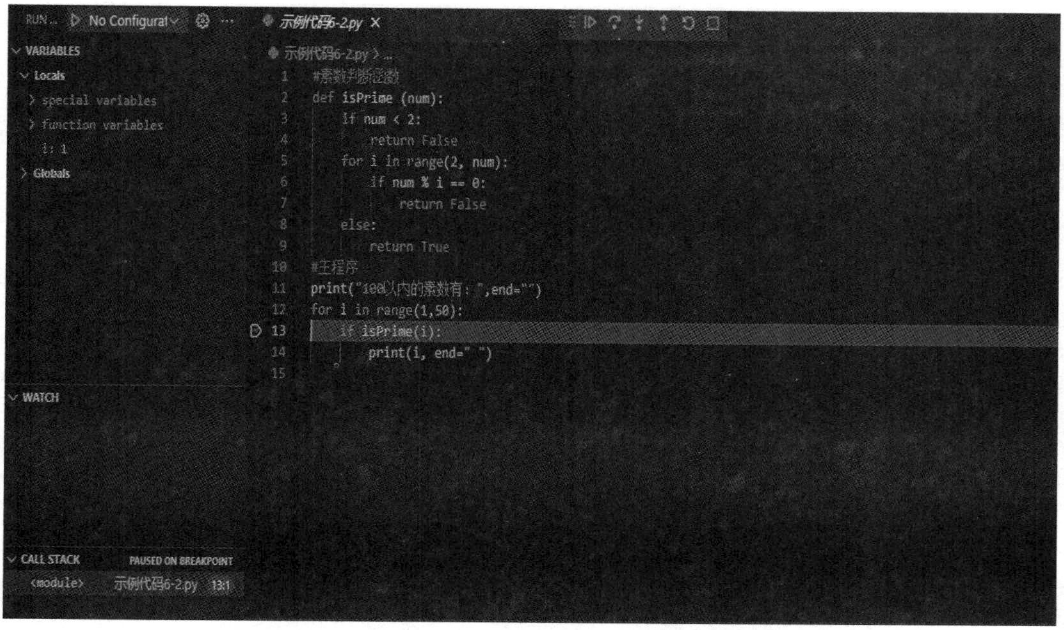

图 6-4　启动调试

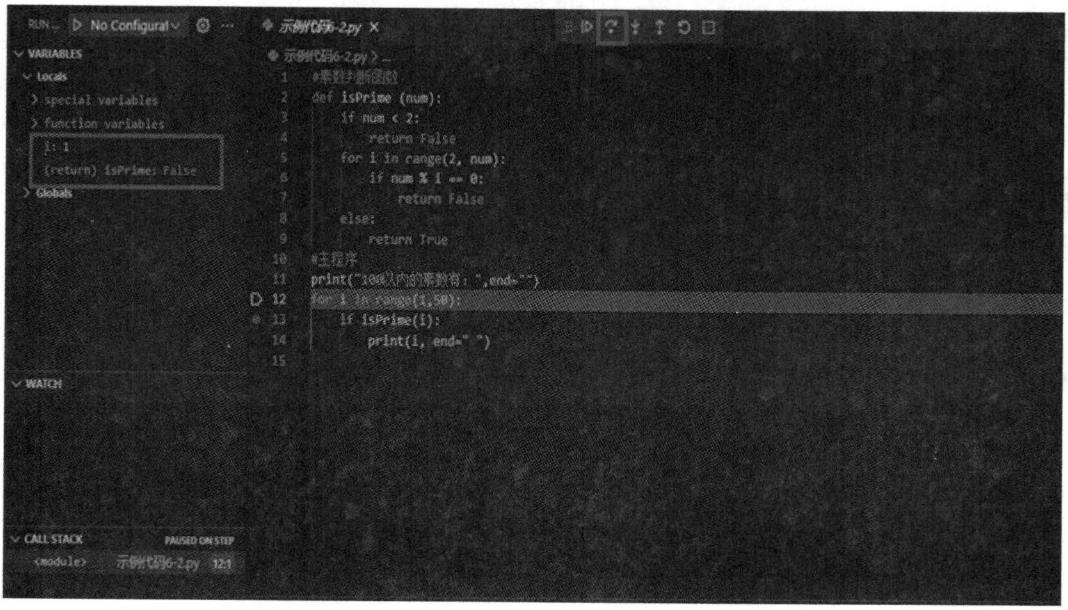

图 6-5　step over 函数

　　然后按 step over/into 命令按钮，代码执行到第 13 行函数 isPrime()调用处，再按 step into 命令按钮，此时现象如图 6-6 所示，代码指针已经指向了函数 isPrime()首行代码，说明当前已调试跟踪到 isPrime()函数内。接下来可以按第 4 章介绍的调试方法调试函数 isPrime()。在调试 isPrime()函数过程中，我们可以按 step out 命令按钮执行完函数 isPrime()余下部分代码，程序直接暂停到函数的调用处，如图 6-7 所示。

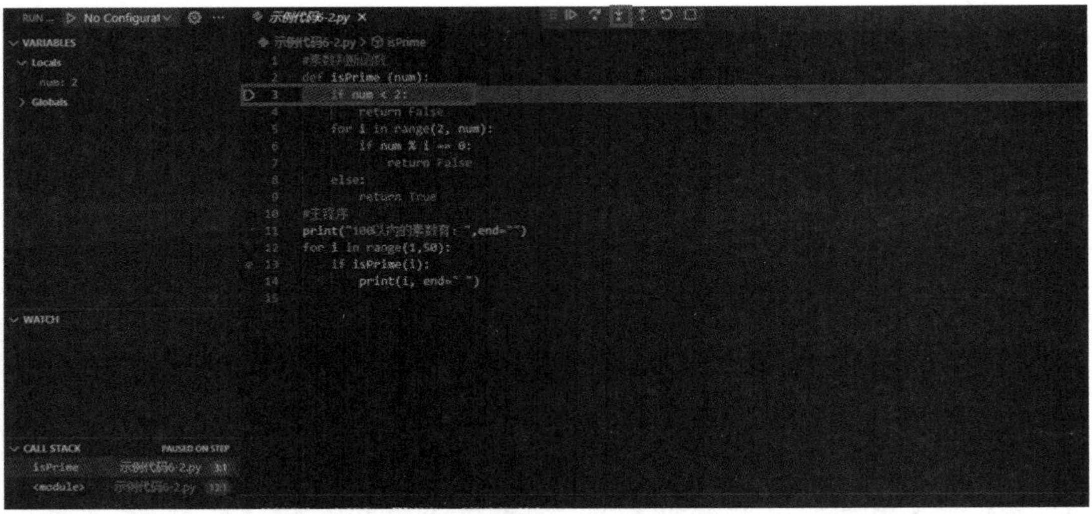

图 6-6　step into 函数

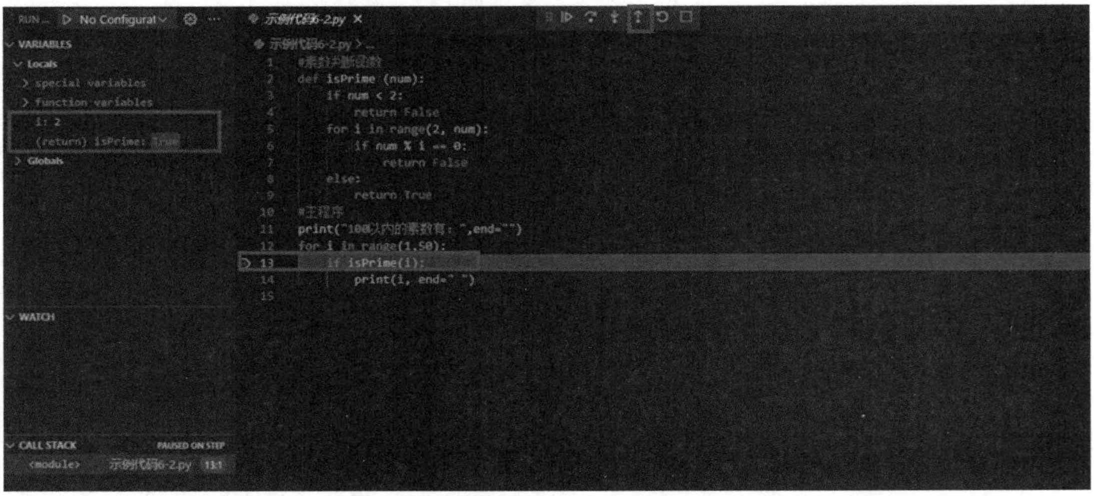

图 6-7　step out 函数

6.7　应用实例：学生成绩的处理

5.7 节实现了学生成绩排名系统项目，大家对项目的功能有了大致的了解，本例采用模块化编程重新设计该项目。根据功能分析及模块化设计的要求，把该项目分解成五个子模块，具体分解结构如图 6-8 所示，其中成绩输入模块完成全班成绩的输入并保存在列表中；成绩排名模块完成总成绩的计算，并按总成绩排名，结果也在列表中；成绩统计模块完成班级成绩中每门课的最高分、最低分、平均分的统计；排名输出模块输出班级成绩排名结果；统计输出模块输出班级成绩统计结果，具体见如下代码。

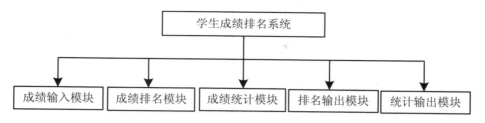

图 6-8 模块分解图

```
#成绩输入模块,输入班级所有成绩
#结果返回成绩列表
def InputChengJi():
    lsCJ = []
    while True:
        line = input()
        ls=line.split(",")
        if len(line) == 0:
            return lsCJ
        elif len(ls) != 5:
            print("最后一行成绩有误,请重新输入改行!! ")
        else:
            ls[2]=eval(ls[2])
            ls[3]=eval(ls[3])
            ls[4]=eval(ls[4])
            lsCJ.append(ls)
#成绩排名模块
#输入成绩列表
#结果返回按总成绩排序后的成绩列表
def RankChengJi(lsCJ):
    for line in lsCJ:
        score=line[2]+line[3]+line[4]
        line.append(score)
        lsCjRank=lsCJ.copy()
    lsCjRank.sort(key=lambda x:x[5],reverse=True)
    return lsCjRank


#排名结果输出模块
def OutpuRankChengJi(lsCjRank):
    heads=["学号", "姓名", "操作系统", "数据结构", "数据库原理","排名"]
```

```
    print(heads[0].center(12-len(heads[0]))+
        heads[1].center(12-len(heads[1]))+\
        heads[2].center(12-len(heads[2]))+\
        heads[3].center(12-len(heads[3]))+\
        heads[4].center(12-len(heads[4]))+\
        heads[5].center(12-len(heads[5]))))\
    rank=1
    for line in lsCjRank:
        print(line[0].center(12)+line[1].center(12-len(line[1]))+str(line[2]).
        center(12)+\
        str(line[3]).center(12)+str(line[4]).center(12, " ")+str(rank).center(12, " "))
        rank=rank+1


#成绩统计模块
def StatChengJi(lsCJ):
    lsStatCj = []
    lx =tuple(zip(*lsCJ))
    lsStatCj .append(["最高分", max(lx[2]), max(lx[3]), max(lx[4])])
    lsStatCj .append(["最低分", min(lx[2]), min(lx[3]), min(lx[4])])
    lsStatCj .append(["平均分", sum(lx[2])/len(lx[2]), sum(lx[3])/len(lx[3]),
    sum(lx[4])/len(lx[4])])
    return lsStatCj
#统计结果输出模块
def OutputStatCJ(lsStatCj ):
    heads=["统计项", "操作系统", "数据结构", "数据库原理"]
    print("{:^9}\t {:^8}\t {:^8}\t {:^7} ".format(heads[0], heads[1] , heads[2] ,
    heads[3] ))
    for line in lsStatCj:
        print("{:^9}\t {:^12.1f}\t {:^12.1f}\t {:^12.1f} ".format(line[0], line[1],
line[2], line[3]))


#主程序
print("")
print("欢迎使用成绩排名系统".center(70,"#"))
print("输入成绩，空行结束，具体每行格式如下：")
print("学号，姓名，操作系统，数据结构，数据库原理")
print("成绩输入".center(76,"-"))
lsCJ = InputChengJi()
```

```
lsCjRank = RankChengJi(lsCJ)
lsStatCj = StatChengJi(lsCJ )
print("班级成绩排名".center(74,"*"))
OutpuRankChengJi(lsCjRank)
print("统计".center(78,"*"))
OutputStatCJ(lsStatCj )
```

测试数据输入了三行成绩，具体结果如图 6-9 所示。

经过模块化改造以后，该项目感觉设计相对简单了，而且可以多位同学一起协作来完成编码的设计，大家也可以想想，项目模块化后还有那些优点。

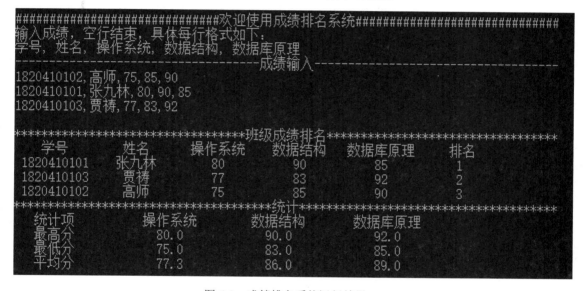

图 6-9　成绩排名系统运行结果

本 章 小 结

本章主要介绍了函数及代码复用，包括函数的定义和使用、lambda 函数定义和使用、递归函数以及函数的参数传递方法、变量的作用域等内容。本章还介绍了模块化设计的方法，并按模块实现了学生成绩的处理实例。

习　　题

1. 编写 isPrime()函数实现素数判断，并打印输出 100 以内的素数。
2. 输入 10 个数，实现求一组数的方差函数 sqrtdiff()，并用函数求出该 10 个数的方差。
3. 输入字符串，通过 isNum 函数判断该字符串是否为数值字符串。

4. 通过 lambda 函数实现平方运算，并利用该 lambda 函数输出 20 以内所有数的平方值。

5. 实现递归函数 fact()，求某自然数的阶乘，并利用该函数求 10 的阶乘。

6. 实现递归函数 mysum()，完成 $1+2+3+\cdots+n$，并利用该函数计算 100 以内所有自然数的和。

第 7 章　文件和数据格式化

7.1　文件的使用

7.1.1　文件概述

　　文件是长期存储在辅助存储设备上的一段数据流，可以反复使用及修改。例如文本文件、日志文件、数据库文件、图像文件、声音文件、视频文件、可执行文件等，这些文件都以不同的形式存储在各种计算机的存储设备中。文件可以分为文本文件和二进制文件两种。

　　文本文件一般是由具有统一字符编码的字符组成，能用文本处理程序如记事本打开。二进制文件一般没有统一的字符编码，直接由比特 0 和 1 组成，无法用记事本或其他字处理软件正常打开，因此也无法直接阅读和理解，需要正确的软件才能正常打开阅读。如可执行文件 calc.exe 也可以用 HexEditor 等十六进制编辑器打开查看和进行修改，但需要我们对这种类型的文件结构有深入的了解。

　　【例 7-1】　将文本文件和二进制文件进行比较。

　　(1) 利用记事本程序生成一个文本文件 7.1.txt，内容为"长风破浪会有时，直挂云帆济沧海。"，分别用文本文件方式和二进制文件方式打开该文件，再观察结果。代码如下：

```
fo = open("7.1.txt","rt")    # "rt"表示以文本只读方式打开
print(fo.read())
fo.close()
```

　　输出结果如下：

　　长风破浪会有时，直挂云帆济沧海。

```
fo = open("7.1.txt","rb")    # "rb"表示以二进制只读方式打开
print(fo.read())
fo.close()
```

　　输出结果如下：

　　b'\xb3\xa4\xb7\xe7\xc6\xc6\xc0\xcb\xbb\xe1\xd3\xd0\xca\xb1\xa3\xac\xd6\xb1\xb9\xd2\xd4\xc6\xb7\xab\xbc\xc3\xb2\xd7\xba\xa3\xa1\xa3'

　　由此可以看到，文本文件以文本方式打开时，结果仍旧是可以直观阅读的文本，而文本文件以二进制方式打开时，显示的是文本文件中每个汉字的字符编码，这里是 GBK 的

编码，如"长"这个汉字的 GBK 编码为 b3a4，"风"的 GBK 编码为 b7e7，一个汉字为 2 个字节。实际上，文本文件保存时是以字符编码形式保存的，在以文本文件方式打开时，文件会进行解码还原汉字并显示，而以二进制方式打开时，直接显示汉字的字符编码。

(2) 分别用文本文件方式和二进制文件方式打开 windows 附件下的计算器可执行文件 calc.exe 文件。代码如下：

```
fo = open("calc.exe","rt")    #以文本方式打开
print(fo.read())
fo.close()
```

输出结果如下：

UnicodeDecodeError: 'gbk' codec can't decode byte 0x90 in position 2: illegal multibyte sequence

可以看到，当代码用文本文件方式打开 calc.exe 文件时，会出现上面的出错信息，主要是由于 calc.exe 是二进制文件，不能用 BGK 进行解码，因此出错。

如果将 calc.exe 用记事本程序打开，结果见图 7-1，可以看到结果是乱码，因为记事本程序无法正确解读二进制文件。

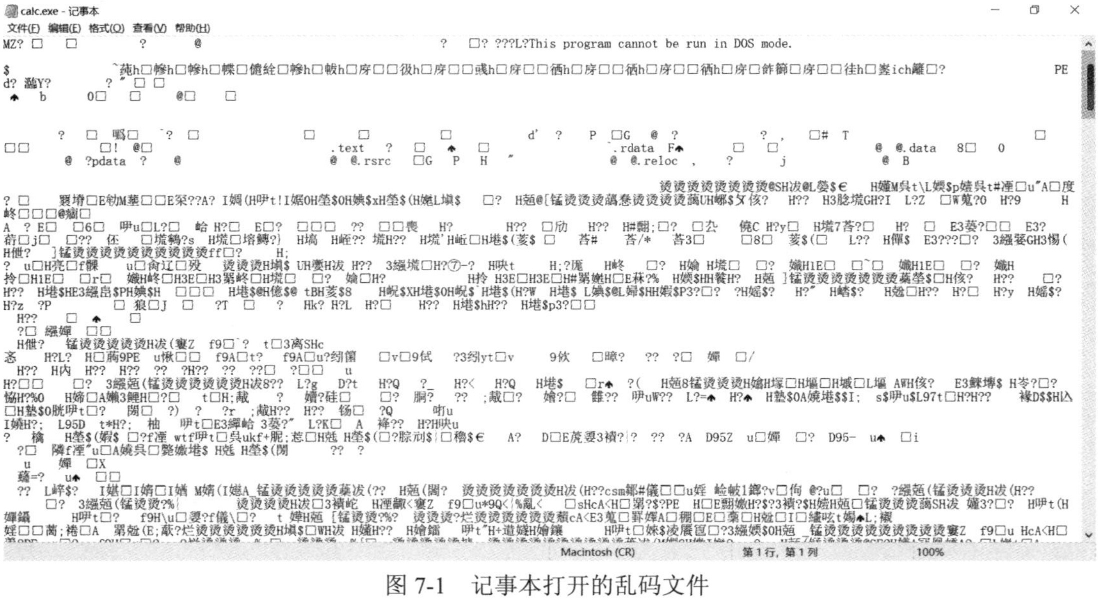

图 7-1 记事本打开的乱码文件

```
fo = open("calc.exe","rb")    #以二进制方式打开
print(fo.read())
fo.close()
```

部分输出结果如下：

b'MZ\x90\x00\x03\x00\x00\x00\x04\x00\x00\x00\xff\xff\x00\x00\xb8\x00\x00\x00\x00\x00\x00\x00@\x00\x00\x00\x00\x00\x00\x00\x00\x00\x00\x00\x00\x00\x00\x00\x00\x00\x00\x00\x00\x00\x00\x00\x00\x00\x00\x00\x00\x00\x00\x00\x00\x00\x00\x00\x00\x00\x00\xf0\x00\x00\x00

用 HexEditor 打开时，可以看到二进制数据流，见图 7-2。

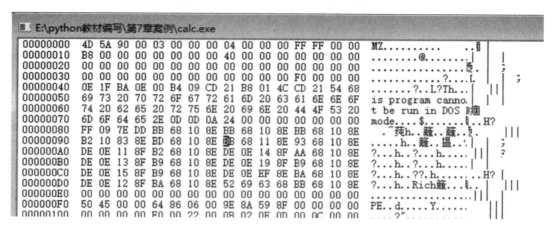

图 7-2 HexEditor 打开的二进制数据流

由此可以看出，二进制文件以二进制文件方式打开，可以正确解读，显示的是字节流，但不能以文本方式打开，打开时会出错，显示乱码。

7.1.2 文件的打开和关闭

1. 文件的打开

文件在读写之前，需要先打开文件并创建文件对象，利用该文件对象对文件内容进行读写操作。读写操作完毕后需要对文件进行关闭，并保存文件内容。

Python 通过内置的 open()函数打开一个文件并创建文件对象。open()函数的完整使用方法如下，其中很多参数都有默认参数，在调用时无须特别传递参数。

```
<变量名>=
open(file,mode="r",buffering=-1,encoding=None,errors=None,newline=None,closefd
=True,opener=None)
```

其中，<变量名>用来保存 open()函数所创建的文件对象。

下面介绍主要的参数,含义如下：

(1) file 参数指定需要打开的文件名及其文件路径。文件路径可以是相对路径或者绝对路径。

文件名需要指定扩展名，如果不指定扩展名则会抛出异常 FileNotFoundError。

相对路径不是完整的路径，而是指相对于当前文件夹的路径。绝对路径是完整的路径，是从硬盘的根目录(盘符)开始的路径。当前文件夹可以用如下代码获取：

```
import os
print(os.getcwd())
```

例如，用上述代码获得当前路径为 "E:\python 教材编写\第 7 章案例"，则下面两条语句打开的是同一个文件。

```
fo=open("7.1.txt","r")   #相对路径
fo=open("e:\\python 教材编写\\第 7 章案例\\7.1.txt","r") #绝对路径
```

以上语句表示都是从当前路径下打开 7.1.txt 文件。

(2) mode 参数指定文件的打开模式，例如，有"只读""只写""读写"等打开模式，默认打开模式为"文本只读"模式打开。文件打开模式见表 7-1。

表 7-1　文件打开模式

模式	说　明
r	只读模式(默认值，可以省略)。如果文件不存在，则返回异常
w	覆盖写模式。如果文件存在，则清空原来内容；如果文件不存在，则创建文件
x	创建写模式。如果文件存在，则抛出异常；如果文件不存在，则创建文件
a	追加写模式。如果文件存在，则在最后追加内容；如果文件不存在，则创建文件
b	二进制模式，但使用二进制模式打开时，不能指定 encoding 参数
t	文本模式
+	不单独使用，与"r""w""x""a"一起使用，表示增加读或者写功能

打开模式如果是只读，就不能写文件。打开模式是写模式(覆盖写、创建写和追加写)，就不能读文件。如果既要读文件又要写文件，则可以采用"r+""w+""x+""a+"的组合模式，不能采用"rw""rx""ra"组合模式，否则会抛出异常 ValueError。用"w+"模式打开文件时，会将文件指针移到文件头，文件原有的内容会被清空，原有的内容无法读出；用"a+"模式打开文件，此时会将文件指针移到文件尾，如果要读取文件原有的内容，则需要移动文件指针到文件头位置，然后读取文件内容。

打开模式中可以单独使用"r""w""x""a"，而"b""t""+"不能单独使用，需要和"r""w""x""a"组合使用。

(3) encoding 参数表示采用何种编码方式打开文件，一般采用 utf-8 或者 GBK 编码方式。

由于编码方式不同，存在 GBK 编码及 unicode 编码等多种编码方式，因此在打开中文时，需要指定文件的编码方式。例如，文本文件在保存时用 utf-8 编码的，在打开文件时需要指定文件的编码方式为 utf-8；如果源文件采用 unicode 编码，则打开文件时指定文件的编码方式为 utf-16；如果不指定编码方式，则默认的解码方式为 GBK 编码。

例如，result.txt 文件的编码方式为 unicode 编码，则打开文件的代码如下：

```
fo=open("result.txt",encoding="utf-16")
```

如果不指定 encoding 参数为 utf-16，则默认用 GBK 解码打开，此时会报错。

2. 文件的关闭

文件使用完毕之后，需要用 close()函数将文件关闭，这样才能保证所作的修改保存到文件中。该函数的使用方法如下：

```
<变量名>.close()
```

这里的变量名是指前面 open()函数所创建的文件对象。

例如，关闭前面打开的 result.txt 文件，代码如下：

```
fo.close()
```

7.1.3 文件的读写

利用 open()函数打开文件后会创建一个文件对象，该文件对象可以对文件进行读写操作及文件指针的移动操作。

1 文件的读取方法

文件的读取方法见表 7-2。

表 7-2 文件的读取方法

方 法	功 能 说 明
read(size=-1)	默认读出文件的所有内容，类型为字符串。如果给出参数 size，则从文本文件中读取 size 个字符，或者从二进制文件中读取 size 个字节
readline(size=-1)	默认读出一行，类型为字符串。如果给出参数，则读取该行前 size 个字符或者字节
readlines(hint=-1)	默认读出所有行，结果为列表，列表元素为文件中的每一行。如果给出参数，则读取 hint 行

【例 7-2】 分别用三种读取方法读取文件并输出。

首先，建立一个文本文件 7.2.txt，在文件中输入《论语・学而篇》第一篇。

(1) 用 read()方法读出并显示，代码如下：

```
fo=open("7.2.txt","r")
print(fo.read())
```

结果显示如下：

学而时习之，不亦说乎？
有朋自远方来，不亦乐乎？
人不知而不愠，不亦君子乎？

read()方法可读出文本文件中的所有文字，结果为字符串类型数据。print()函数可将该字符串输出显示。

(2) 用 readline()方法读出并显示，代码如下：

```
fo=open("7.2.txt","r")
line=fo.readline()
while line:
    print(line)
    line=fo.readline()
fo.close()
```

结果显示如下：

学而时习之，不亦说乎？

有朋自远方来，不亦乐乎？

人不知而不愠，不亦君子乎？

　　该方法的思路是：读出一行，输出一行，循环的条件是读出的行不为空，如果为空，则说明已读完，停止循环。

　　由上述结果可以看到，行与行之间会空一行。这是为什么呢？这是因为 print()函数默认换行输出。若不需要空一行，则可以将上面的 print(line)改为如下代码：

```
print(line,end="")
```

　　(3) 用 readlines()方法读出并显示，代码如下：

```
fo=open("7.2.txt","r")
for line in fo.readlines():
        print(line)
fo.close()
```

　　结果与用 readline()方法读出的结果一样。要注意，这里 fo.readlines()方法返回的是每一行作为元素构成的列表，用 print()输出如下：

　　['学而时习之，不亦说乎？\n', '有朋自远方来，不亦乐乎？\n', '人不知而不愠，不亦君子乎？']

　　代码中的 line 是列表里的每一个元素，即每一行。列表中的"\n"表示换行符，正因为有换行符，所以文本文件中才能分行显示。

　　上面的 readlines()一次性将所有的行读出并存放到列表中。对于大文件，一次性读出会占用大量内存，因此，可以通过直接访问文件对象来替代，代码如下：

```
fo=open("7.2.txt","r")
for line in fo:
        print(line)
fo.close()
```

　　这里将 fo.readlines()改为 fo。文件对象 fo 可以直接迭代，可用 for 循环遍历文件对象输出每一行。

2. 文件的写入方法

　　除了文件的读取方法，Python 还提供了文件的两种写入方法，见表 7-3。

表 7-3　文件的写入方法

方　　法	功　能　说　明
write(text)	写字符串或字节流 text 到文件中
writelines(lines)	写列表 lines 到文件中，lines 列表中的元素为字符串

　　【例 7-3】　用两种写入方法将《论语·学而篇》第一篇写入 7.3.txt 文件中。

　　(1) 用 write(text)方法写入文件。

　　首先以只写模式打开文件。由于 write(text)方法是写入字符串，因此，这里先将《学而篇》第一篇保存到 txt 变量中，然后用 write()方法写入文件。保存的时候注意每一行的后面要补上换行符。当写入文件后，txt 文件中才会换行保存。代码如下：

```
txt='''学而时习之,不亦说乎? \n 有朋自远方来,不亦乐乎? \n 人不知而不愠,不亦君子乎? '''
```

```
fo=open("7.3.txt","w")
fo.write(txt)
fo.close()
```

运行后打开 7.3.txt 文件，结果见图 7-3。

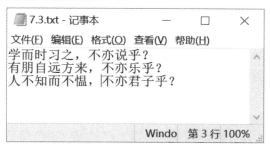

图 7-3　运行结果

(2) 用 writelines(lines)写入文件。

首先以只写模式打开文件。由于 writelines(lines)方法是写入列表，因此，我们首先用列表 ls 保存唐诗的每一行，每一行是一个字符串，末尾加上换行符，然后将列表写入文件。代码如下：

```
ls=["学而时习之,不亦说乎? \n","有朋自远方来,不亦乐乎? \n","人不知而不愠,不亦君子乎? \n"]
fo=open("7.3.txt","w")
fo.writelines(ls)
fo.close()
```

运行后的结果与用 write(text)方法写入文件的结果相同。

扩展：

"学而时习之，不亦乐乎？"是《论语》开篇之作《学而篇》的第一句。这句话指出，人要不断学习，甚至终身学习。

终身学习是每个社会成员适应社会发展和实现个体发展的需要，是贯穿于人的一生的持续的学习过程。国际 21 世纪教育委员会向联合国教科文组织提交的报告中指出："终身学习是 21 世纪人的通行证"。

比尔·盖茨曾经说过："21 世纪，人们比的不是学习，而是学习的速度。"在现在的企业环境，没有打不破的铁饭碗。就如近年来飞速发展的教育培训行业，在这个炎热的六月，不亚于遭遇了一场暴风雪。有关部门的一连串工作，就像一套组合拳，打得培训机构晕头转向，教育培训机构大量裁员，一大批教育培训人员失业，甚至有刚入职的大学生，马上就遭到辞退。今天你的工作可能不可或缺，并不意味着明天你的职位还存在。所以，我们必须不断学习，防患于未然。

在终身学习方面有许多榜样。著名物理学家爱因斯坦就是终身学习的践行者。有人问爱因斯坦："您可谓物理学界空前绝后的人了，何必还孜孜不倦地学习？何不舒舒服服地休息呢？"爱因斯坦找来一支笔、一张画，画了一个大圆和一个小圆，说："目前，在物理学这个领域，可能是我比你懂得略多一些，正如你所知的是这个小圆，我所知是这个大圆，然而，整个物理学是无边无际的，小圆的周长小，即与未知领域的接触面小，所以他感受到自己未知的东西少，而大圆与外界接触的这一周长大，所以感到自己未知的东西多，会更加努力去探索。"

　　"饭可以一日不吃，觉可以一日不睡，书不可以一日不读；读书治学，一是要珍惜时间，二是要勤奋刻苦，除此以外，没有什么窍门和捷径。"这是毛泽东常说的一句话。我们每个人要树立终身学习的观念，做到在学习中工作，在工作中学习，真正做到"活到老，学到老。"

3. 文件指针的移动操作

　　在文件的读写过程中，文件指针起着很重要的作用。文件的读写都是从文件指针的位置开始的。这就是有时候看起来应该打印输出内容，而实际上没有输出内容的原因。不同的文件打开模式，其文件指针的位置不同。以"r"或者"r+"模式打开文件时，文件指针指向文件头；以"w"或者"w+"模式打开文件时，文件指针指向文件头，并清空文件内容；以"a"或者"a+"模式打开文件时，文件指针指向文件尾。

　　Python 关于文件指针的相关操作方法见表 7-4。

表 7-4　文件指针的相关操作方法

方　　法	功　能　说　明
tell()	返回文件指针的当前位置
seek(offset[,whence])	把文件指针移动到新的位置。offset 为相对于 whence 的位置。whence 为 0，表示文件头；whence 为 1，表示当前位置；whence 为 2，表示文件尾。默认为 0

　　例如，在 result.txt 文件中输入"孤帆远影碧空尽，唯见长江天际流。"并输入回车换行符。"，"和"。"都是中文状态下输入的。此时，在 idle 中输入以下代码：

```
>>> os.chdir("e:\\python 教材编写\\第 7 章案例")
>>> fo=open("result.txt","r")
>>> fo.tell()
0
>>> fo.readline()
'孤帆远影碧空尽，唯见长江天际流。\n'
>>> fo.tell()
34
>>> fo.seek(0,0)   #文件指针移到文件头
0
>>> fo.tell()      #显示当前文件指针位置为 0
0
```

　　可以看到，以只读模式打开文件时，fo.tell()输出的文件指针位置为 0，即在文件头开始位置。当用 readline()读出当前行后，此时再次用 fo.tell()输出，则文件指针位置为 34。

这是因为一个汉字为 2B，包括标点符号都是中文输入的，因此这句诗一共是 32B，再加上行尾的回车换行符，一共是 34B。这里的 result.txt 的编码方式采用 ANSI 编码方式，如果是其他编码方式，则字节数大于 34，因为还有 BOM 标签。

扩展：

记事本文件的编码方式

　　记事本程序保存文件的编码方式有 ANSI、Unicode、Unicode big endian 和 UTF-8 四种。为了在打开文件时能够识别文件内容采用的是哪种编码方式，在文件的开头会加上一个标签(叫作 BOM 标签)。如果标签是 0xFF0XFE，则为 unicode 编码；如果标签是 0xFE0xFF，则为 unicode big endian 编码；如果标签是 0xEF 0xBB 0xBF，则是 UTF-8 编码；如果这些标签都没有，那么就是 ANSI 编码，使用操作系统的默认语言编码来解释。

【例 7-4】　有一个英文文本文件，编写程序读取其内容，并将文件里面的大写字母变成小写字母，小写字母变成大写字母。

　　首先，用记事本创建一个文本文件 english.txt，输入 "I love my country-China!"。由于文件既要读取，又要写入，因此选用 "r+" 模式。编写程序代码如下：

```
fo=open("english.txt","r+")
result=""        #保存大小写转换后的英文字符串
for s in fo.read():
    if s.islower():     #如果是小写字母，则转换为大写
        result+=s.upper()
    elif s.isupper():   #如果是大写字母，则转换为小写
        result+=s.lower()
    else:               #如果是其他字符，则无须转换
        result+=s
fo.write(result)
fo.close()
```

运行结果如下：

I love my country-China!i LOVE MY COUNTRY-cHINA!

　　结果不是将原来的文件内容改变了，而是在原来文件的末尾处增加了一段大小写转换后的英文，这是为什么呢？这主要是由于在执行代码 fo.read()时，文件指针的位置发生了变化，文件指针的位置移到了文件尾的位置。我们可以在 fo.write(result)这句代码之前加入 fo.tell()来观察文件指针的位置，此时输出 24，也就是在文件尾的位置。当执行 fo.write(result) 代码时，将从当前位置即文件尾的位置开始写入，从而在文件尾增加了一行。

　　如何实现题目的要求呢？应在 fo.write(result)语句之前加入 fo.seek(0,0)，将文件指针位置移到文件头，再写入文件。

7.2 数据组织及处理

7.2.1 数据的组织

　　除了单一的数据，更多的数据需要按照一定的方式组织起来，以便于在程序中显示，在存储器中存储。按照数据的组织方式不同，数据可以划分为一维数据、二维数据和高维数据。本书主要介绍一维数据和二维数据。一维数据是由对等关系的有序数据或无序数据构成的，采用线性组织方式。二维数据是由多个一维数据构成的，是一维数据的组合形式。

7.2.2 数据的表示

　　一维数据对应数组和集合的概念，在 Python 中可以由列表、元组或者集合表示。如果数据是有序数据，则用列表和元组表示；如果数据是无序数据，则用集合表示。例如，列表 ls1=["李白", "杜甫", "白居易"]，集合 s={"李白", "杜甫", "白居易"}，元组 tp=("李白", "杜甫", "白居易")。

　　二维数据对应表的概念，在 Python 中可以用二维列表表示。例如，ls2=[["陶渊明", "孟浩然", "王维"], ["高适", "岑参", "王之涣"], ["杜甫","辛弃疾","陆游"]]。ls2 列表中的每一个元素又是一个一维列表。二维列表是由多个一维列表组成的。

7.2.3 数据的存储

1. 一维数据的存储

一维数据有多种存储方式，通常采用特殊分隔符进行分隔存储。

(1) 由空格分隔。例如：

李白　杜甫　白居易

(2) 由逗号分隔。例如：

李白，杜甫，白居易

(3) 特殊符号分隔。例如：

李白#杜甫#白居易

2. 二维数据的存储

二维数据由多个一维数据组成。这里介绍 CSV 格式文件，可用于存储一、二维数据。这是一种通用的文件存储格式，被商业和科学广泛地应用。CSV 格式是一种逗号分隔值(Comma-Separated Values，CSV)的文件存储方式，其文件以纯文本形式存储数据。CSV 文件是指具有以下特征的文件：

(1) 纯文本格式，文件存储的是字符序列。

(2) 开头不留空行，以行为单位。

(3) 可包含或者不包含列名，包含列名时则放在文件的第一行。

(4) 文件由记录组成，每一行是一条记录。

(5) 每行记录的数据之间用半角逗号作为分隔符，列为空也要保留逗号。

例如，前面的二维列表在文件中可作如下形式保存：

陶渊明，孟浩然，王维

高适，岑参，王之涣

杜甫，陆游，辛弃疾

7.2.4　数据的处理

下面以 CSV 格式文件为例，介绍一二维数据的处理。

1. 一维数据的处理

从 CSV 文件读入一维数据后，可以用 split()函数分隔存放到列表。如果要将一维列表数据写入到 CSV 文件中，可以用 join()函数将一维列表的各个元素用逗号连接起来写入文件即可。

【例 7-5】　一维数据的读入。

首先，利用 Excel 建立 7.5.csv 文件，输入"李白,杜甫,白居易"，见图 7-4。

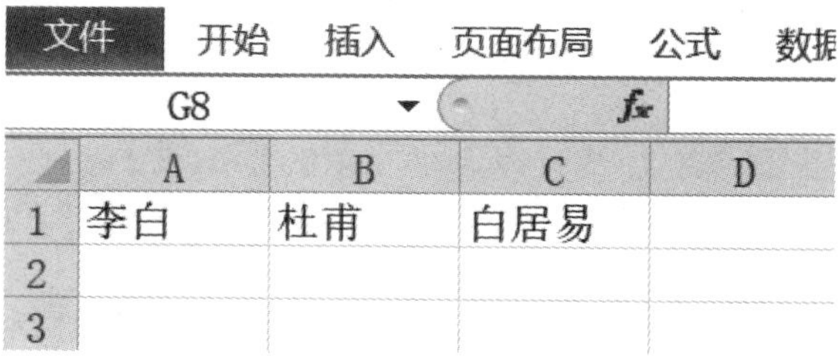

图 7-4　7.5csv 文件内容

接下来将 7.5.csv 文件的内容读出到列表 ls 中，代码如下：

```
fo=open("7.5.csv","r")
str=fo.read()   #读出文件所有内容，结果为字符串
str=str.replace("\n","") #去掉末尾换行符
ls=str.split(",")#以逗号分隔 str 字符串，并将元素存入列表 ls
print(ls)
fo.close()
```

输出为一个一维列表，运行结果如下：

['李白', '杜甫', '白居易']

【例 7-6】　一维数据的写入。

```
fo=open("7.6.csv","w")
ls=["李白", "杜甫", "白居易"]
str=",".join(ls)   #将列表内的元素用逗号连接起来保存到 str 字符串
fo.write(str)        #将 str 字符串写入文件
```

```
fo.close()
```

运行后打开 7.6.csv，结果与图 7-4 相同。

2. 二维数据的处理

二维数据的处理包括二维数据从 CSV 格式文件读入到二维列表、二维列表元素的处理以及二维列表写入到 CSV 格式文件中。

【例 7-7】 从 CSV 格式文件读入到二维列表中。

首先，利用 Excel 输入以下内容，另存为 7.7.csv 格式文件，见图 7-5。

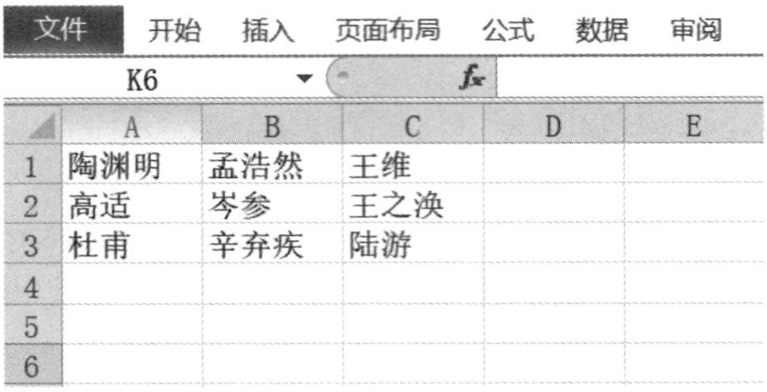

▲	A	B	C	D	E
1	陶渊明	孟浩然	王维		
2	高适	岑参	王之涣		
3	杜甫	辛弃疾	陆游		
4					
5					
6					

图 7-5　7.7csv 文件内容

接下来从 7.7.csv 文件中读入内容并保存到二维列表 ls 中，代码如下：

```
fo=open("7.7.csv","r")
ls=[]
for line in fo:   #line 表示文件中的每一行，行尾有换行符
    line=line.replace("\n","")  #将换行符替换为空字符串
    ls.append(line.split(","))  #将行字符串分隔为一维列表并追加
print(ls)
fo.close()
```

案例中，用 for 循环遍历每一行，然后对每行处理为一维列表并追加到二维列表中。运行后列表 ls 内容如下，是一个二维列表。

[['陶渊明', '孟浩然', '王维'], ['高适', '岑参', '王之涣'], ['杜甫', '辛弃疾', '陆游']]

【例 7-8】 二维数据的写入。

```
fo=open("7.8.csv","w")
ls=[["陶渊明","孟浩然","王维"],[ "高适","岑参","王之涣"],["杜甫","辛弃疾","陆游"]]
for line in ls:    #line 为 ls 中的每一个一维列表
    str=",".join(line)  #将一维列表元素之间用逗号连接为字符串
    str+="\n"           #字符串末尾加上换行符，以便写入文本时换行
    fo.write(str)        #写入字符串
fo.close()
```

案例中，用 for 循环遍历每个一维列表，将每一个一维列表处理成一个元素并且之间用逗号相连接，尾部带有换行符的一个字符串，然后写入文件。运行后打开 7.8.csv 文件，

内容见图 7-6。

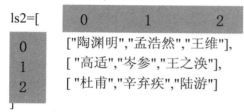

图 7-6   运行结果

【例 7-9】   二维列表元素的遍历输出。

二维数据元素的访问类似于矩阵元素的访问，可以用行号和列号访问。例如，前面的二维列表 ls2 中，"陶渊明"在第 0 行第 0 列中，可以用 print(ls[0][0])输出，"王之涣"在第 1 行第 2 列，可以用 print(ls[1][2])输出，也就是用行号和列号定位某个元素。如果要输出第 0 行，可以用 print(ls[0])输出；如果要输出第 2 行，可以用 print(ls[2])输出。

```
ls2=[        0        1        2
      0    ["陶渊明","孟浩然","王维"],
      1    [ "高适","岑参","王之涣"],
      2    [ "杜甫","辛弃疾","陆游"]
     ]
```

二维列表元素的遍历可以用双层 for 循环遍历输出。循环遍历时，可以用两个变量分别表示行号和列号，定位每个元素并输出，也可以外循环遍历二维列表中的每一个一维列表，再内循环遍历每一个一维列表并输出元素。

(1) 第一种方法。

```
ls=[["陶渊明","孟浩然","王维"],[ "高适","岑参","王之涣"],[ "杜甫","辛弃疾","陆游"]]
for row in range(len(ls)):        #row 为行号
    for col in range(len(ls[row])): #col 为列号
        element=ls[row][col]        #通过行号和列号访问
        print(element,end=" ")
    print("\n")      #一行输出后换行
```

(2) 第二种方法。

```
ls=[["陶渊明","孟浩然","王维"],[ "高适","岑参","王之涣"],[ "杜甫","辛弃疾","陆游"]]
for line in ls:        #外循环遍历每一个一维列表
    for element in line:    #内循环遍历每一个一维列表中的元素
        print(element,end=" ")
    print("\n")      #一行输出后换行
```

7.3　应用实例：学生成绩的处理

6.7 节实现了"学生成绩排名系统"项目，用函数模块化的思想实现了该项目，但是在实现过程中学生的成绩是通过键盘输入的，这里，我们用文件来保存学生三门课程的成绩。内容见图 7-7，现要求输出该班级所有学生的总分，并对总分进行排名，同时输出每门课程的最高分、最低分以及平均分。

```
学生成绩表.txt - 记事本
文件(F)  编辑(E)  格式(O)  查看(V)  帮助(H)
学号, 姓名, 数据结构, 操作系统, 数据库原理
1820410101, 张九林, 80, 90, 85
1820410102, 高师, 75, 85, 90
1820410103, 贾祷, 77, 83, 92
1820410104, 杜府, 60, 75, 86
1820410105, 孟浩燃, 75, 65, 90
1820410106, 宋之雯, 66, 94, 82
1820410107, 王伟, 75, 60, 77
1820410108, 白居懿, 85, 75, 83
1820410109, 杜目, 81, 72, 78
1820410110, 李动, 65, 78, 63
```

图 7-7　学生成绩表

代码如下：

```python
def calcScore(xs,kc):#输入学生列表，课程名称,返回课程的最高分、最低分、平均分
    col=xs[0].index(kc)
    headLine=xs[0]      #headline 为标题行
    xs.pop(0)
    kcScore=[]
    for ls in xs:
        kcScore.append(ls[col])
    maxScore=max(kcScore)     ##找出最高分
    minScore=min(kcScore)     ##找出最低分
    aveScore=sum(kcScore)/len(kcScore)     ##找出平均值
    xs.insert(0,headLine)
    return maxScore,minScore,aveScore


#计算总分并根据总分降序排序，给出排名并输出显示
def Rank(xs):
    headLine=xs[0]
    headLine.append("总分")
    headLine.append("排名")
    xs.pop(0)
    #计算总分
```

```
    for line in xs:
        score=line[2]+line[3]+line[4]
        line.append(score)
    col=headLine.index("总分")
    xs.sort(key=lambda x:x[col],reverse=True)
    #计算排名
    ranking=0
    for line in xs:
        ranking+=1
        line.append(ranking)
    #插入标题
    xs.insert(0,headLine)
    return xs


#将数据对齐显示
def formatData(xs):
    headLine=xs[0]
    #标题行补空格
    for i in range(len(headLine)):
        headLine[i]+=int((12-len(headLine[i])*2)/2)*chr(12288)
    xs.pop(0)
    #将剩下的行对齐
    for line in xs:
        line[0]="{:<12}".format(line[0])
        line[1]="{0:{1}<6}".format(line[1],chr(12288))
        line[2]="{:<12}".format(line[2])
        line[3]="{:<12}".format(line[3])
        line[4]="{:<12}".format(line[4])
        line[5]="{:<12}".format(line[5])
        line[6]="{:<12}".format(line[6])
    xs.insert(0,headLine)
    for line in xs:
        print("".join(line))
    return xs


#将排名写入 file 文件中
def writeData(file,xs):
    fo=open(file,"w")
    for line in xs:
```

```python
            fo.writelines(line)
            fo.write("\n")
    fo.close()

def main():
    fo=open("学生成绩表.txt","r")
    xs=[]
    # 处理第一行标题行
    line=fo.readline()
    line=line.replace("\n","")
    ls=line.split(",")
    xs.append(ls)
    #处理下面的行
    for line in fo.readlines():
        line=line.replace("\n","")
        ls=line.split(",")
        ls[2]=eval(ls[2])
        ls[3]=eval(ls[3])
        ls[4]=eval(ls[4])
        xs.append(ls)
    #计算最高分、最低分、平均分、总分及排名
    cn1="数据结构"
    cn2="操作系统"
    cn3="数据库原理"
    calc1=calcScore(xs,cn1)
    calc2=calcScore(xs,cn2)
    calc3=calcScore(xs,cn3)
    result=Rank(xs)
    formatData(result)
    print("统计".center(80,"*"))
    print("最高分
"+chr(12288)*9+str(calc1[0])+chr(12288)*5+str(calc2[0])+chr(12288)*5+str(calc3[0]))
    print("最低分
"+chr(12288)*9+str(calc1[1])+chr(12288)*5+str(calc2[1])+chr(12288)*5+str(calc3[1]))
    print("平均分
"+chr(12288)*9+str(calc1[2])+chr(12288)*4+str(calc2[2])+chr(12288)*4+str(calc3[2]))
    writeData("rank.txt",result)
    fo.close()
main()  ##调用主程序
```

　　代码中定义了五个函数，其中前四个函数分别实现了统计课程分数、计算总分并排名、数据对齐显示、排名写入文件等功能，最后一个函数为 main() 函数，将主程序代码封装在里面。

　　calcScore(xs,kc) 函数根据输入的学生二维列表数据及课程名信息统计该门课程的最高分、最低分及平均分，函数的返回值是一个元组，该元组的三个元素为最高分、最低分及平均分。

　　Rank(xs) 函数根据输入的学生二维列表数据，统计学生的总分并对总分进行排名。首先在学生的标题行增加两个标题——总分和排名，然后对学生表的成绩总分进行计算并追加到列表中，最后进行排名，用中文空格填入对齐名次也追加到列表中，函数的返回值是一个带有总分和名次信息的学生表。

　　formatData(xs) 函数根据输入的学生二维列表数据，输出并显示在屏幕上，由于既有中文又有英文，所以不能统一对齐。对于中文不能对齐的数据，中文空格用 chr(12288) 表示。该函数的返回值为带有对齐信息的学生二维列表。

　　writeData(file,xs) 函数将学生二维列表数据写入文件名为 file 的文本文件中。

　　main() 函数的前半部分读入 CSV 格式文件并对文件内容进行预处理。最后写入二维列表 xs 列表中，处理过程包括处理第一行标题行以及剩下的行。标题行的处理需要将换行符去掉，用逗号分隔标题存入列表 xs 中。剩下的行也需要进行这些处理，同时还需要将字符型的数据转换为数值型数据，便于后面的统计。main() 函数的后半部分对二维列表数据调用 calcScore 函数进行统计计算，调用 Rank 函数计算总分并排名，调用 formatData 函数对学生数据进行格式对齐并输出显示，最后调用 writeData 函数将统计结果写入 rank.txt 文本文件中进行保存。

　　运行结果见图 7-8。

```
IDLE Shell 3.9.2                                              —  □  ×
File Edit Shell Debug Options Window Help
Python 3.9.2 (tags/v3.9.2:1a79785, Feb 19 2021, 13:44:55) [MSC v.1928 64 bit (AMD64)] o
n win32
Type "help", "copyright", "credits" or "license()" for more information.
>>>
==================== RESTART: E:\python教材编写\第7章案例\xscj.py ====================
=
学号          姓名      数据结构      操作系统      数据库原理    总分        排名
1820410101    张九林    80            90            85            255         1
1820410103    贾祷      77            83            92            252         2
1820410102    高师      75            85            90            250         3
1820410108    白居懿    85            75            83            243         4
1820410106    宋之雯    66            94            82            242         5
1820410109    杜目      81            72            78            231         6
1820410105    孟浩燃    75            65            90            230         7
1820410104    杜府      60            75            86            221         8
1820410107    王伟      75            60            77            212         9
1820410110    李动      65            78            63            206         10
*****************************************统计*****************************************
最高分                85            94            92
最低分                60            60            63
平均分                73.9          77.7          82.6
>>> |
                                                                    Ln: 20  Col: 4
```

图 7-8　运行结果

本 章 小 结

本章主要介绍了文件的打开读写及文件指针移动的相关操作，还介绍了文件的一二维数据在计算机中的表示、存储和处理，最后是学生成绩处理案例。

习　　题

1. 编写代码，实现以下功能：输入一个文件和一个字符，统计该字符在文件中出现的次数，并将该字符和次数保存到 result.txt 中。

2. 编写代码，实现以下功能：输入一个文件名，分别统计文件中数字及英文字母(包括大小写)的个数，并将结果保存到 result.txt 中(提示：26 个英文字母大小写可以用 string.ascii_letters 表示，10 个数字可以用 string.digits 表示，但注意使用前先要引入 string)。

3. 编写代码，实现以下功能：随机生成 20 个 0～100 之间的整数，并将这 20 个整数保存成 CSV 格式文件。

4. 假设有一个 CSV 文件，文件内容如下：

月份，英文，天数

一月，January，31

二月，February，28

三月，March，31

四月，April，30

五月，May，31

六月，June，30

七月，July，31

八月，August，31

九月，September，30

十月，October，31

十一月，November，30

十二月，December，31

请编写程序，读入 CSV 格式文件中的数据，循环获得用户输入，当用户输入"N"或"n"时退出循环。要求根据用户输入月份，输出该月份的英文和对应的天数。如果输入的月份有误，则提示"输入的月份有误，请重新输入！"

参考格式如下：

>>>请输入月份：十月

十月的英文为 October，天数为 30 天。

5. 编写程序，生成随机密码。具体要求如下：

(1) 使用 random 库，采用 0x0010 作为随机数种子。

(2) 每个密码长度固定为 8 个字符。

(3) 程序运行每次产生 10 个密码，每个密码为一行。

(4) 每次产生的密码不能一样。

(5) 密码由 10 个数字字符(0123456789)组成。

(6) 程序运行后产生的密码保存在"随机密码.txt"文件中。

第 8 章　面向对象程序设计(OOP)

8.1　OOP 概述

面向对象程序设计(Object Oriented Programming，OOP)出现于 20 世纪 80 年代末期，是 90 年代以来主流程序设计技术。OOP 主要是针对大型软件的设计而提出的。使用 OOP 技术设计的软件，代码的可读性、可维护性和重用性(复用性)都非常好。OOP 技术比较符合人的思维方式，大大地提高了软件设计的效率。当今主流的程序设计语言都支持 OOP，包括 Python 语言。

8.1.1　OOP 的基本概念

在正式介绍 Python 语言 OOP 之前，首先给大家介绍 OOP 的基本概念，有助于大家对 OOP 有更好的理解。

1. 对象

所谓对象就是任意存在的事物，是可以控制和操作的实体。在现实世界中，任何事物都是对象。它可以是人，也可以是物，还可以是一件事。整个世界就是由各种各样的对象组成，对象之间互相关联、互相影响，推动世界向前发展。同样的，用 OOP 设计出来的程序也是由各种各样的对象组成的，对象之间互相关联、互相影响，推动程序向前运行。比如，在 Python 程序中，数值、字符串、窗口、按钮、文件和作图用的海龟等都是对象。

对象通常由两部分组成，静态部分和动态部分。静态部分是指对象具备的属性，通常表示对象的特征，动态部分是指对象的行为或功能。比如一个学生作为对象，具有学号、姓名、性别等属性，具有行走、哭闹、学习等行为或功能。Python 中作图的海龟对象具有坐标、方向等属性，具备改变方向、画线、画圆等功能。

2. 类

在现实世界中，类是对一组具有相同的属性和行为(功能)的对象的抽象。比如，张三是一个教师，教师是一个类，张三是教师这个类的一个具体对象。类和对象之间的关系是抽象和具体的关系，类是对多个对象进行抽象的结果。一个对象是类的一个实例。

在 OOP 中，类就是具有相同的属性(通常称为类的数据成员)和相同的行为或功能(通常称为类的方法成员)的一组对象的模板。用 OOP 设计程序时，通常是先设计类，然后再创建对象，这一点与现实世界不同。

3. 消息和方法

在现实世界中，对象之间是通过发送消息进行交流的。在 OOP 中，向一个对象发出请求称为消息，这个消息要求对象实现某一行为(功能)。而对象所能实现的行为(功能)，在 OOP 中称之为方法(就是类的方法成员)，它是通过函数来实现的。因此，向对象发送消息实际上就是调用实现对应功能的函数。换句话说，对象根据接收到的消息调用相应的方法(函数)；反过来，有了方法(函数)，对象才能响应相应的消息。

4. 事件

事件是外部发生在对象上的动作。在 OOP 中，事件的发生不是随意的，某些事件仅发生在某些对象上，对象仅对这些事件做出反应，这在 OOP 中都是事先定义好的。比如，在 OOP 编程中，我们可以用鼠标拖动一个窗口，这里窗口是对象，鼠标拖动是事件；我们可以用鼠标点击一个按钮对象，点击是事件；但我们通常不能用鼠标去拖动一个按钮，因为拖动按钮事先没有定义。

OOP 应用程序通常是事件驱动的。事件驱动的应用程序中，代码不是按照预定的路径执行，而是在响应不同的事件时执行不同的代码片段。事件可以由用户操作触发、也可以由来自操作系统或其他应用程序的消息触发、甚至由应用程序本身的消息触发。这些事件的顺序决定了代码执行的顺序，因此，应用程序每次运行时所经过的代码的路径都是不同的。

8.1.2　OOP 的特点

OOP 具有三大基本特征：封装、继承和多态。正是由于具备这三大特征，使 OOP 设计的软件具有许多优点。比如，代码的可维护性和重用性非常好。

1. 封装

在现实世界中，所谓封装就是把某个事物包围起来，外界是看不到内部的，甚至是不可知的。比如，一台电视机是使用外壳封装起来的，我们看不到电视机内部有什么电子元器件，但是这并不妨碍我们使用电视机，我们可以通过遥控器或按钮来使用电视机的各种功能。

OOP 的封装与电视机的设计思想是一致的。在 OOP 中，封装是指把数据和实现操作的方法集中起来放在对象内部，并尽可能地隐蔽对象的内部细节，只给外部留下少量接口，便于联系。封装使各个对象相对独立、互不干扰，使对象的使用者与设计者分开。对于使用者来说，他不必知道对象方法实现的细节，只需要使用设计者提供的接口让对象去调用相应的方法。这样，大大降低了人们操作的复杂程度，还有利于数据的安全，从而降低了开发一个软件系统的难度。

2. 继承

现代工业高效的重要原因：重用性。一件工业产品的生产通常都不是从零开始的，总是尽可能利用已有的成果。比如设计一辆汽车，发动机、变速箱、仪表盘等都有专业的公司提供，直接拿过来用就可以了，没必要重新设计。那么软件产品是不是也可以实现重用？在 OOP 中，重用性主要通过继承机制来实现。

  所谓继承，是指在设计新类(称之为子类)的时候，直接把现有的类(称之为父类)拿过来用。也就是在父类的基础上设计子类，父类有的直接拿过来用，父类没有的可以新增。通过继承，使得类间具有共享特性，避免公用代码的重复开发，减少代码和数据冗余。

  比如，我们设计了一个点类代表平面上的一个点。当我们设计圆类的时候，我们可以从这个点类继承过来，增加一个半径属性即可。而当我们设计圆柱类的时候，我们又可以从这个圆类继承过来，增加一个高度属性即可。

3. 多态

  多态性是指不同的对象收到相同的消息时，执行不同的操作。比如，学校网站发布了有关开学的通知，学校里不同的人员看到这个相同的消息，所做出的反应是不一样的。

  OOP 中的多态是指由继承而产生的相关的不同的类，其对象对同一消息会作出不同的响应。每个对象对消息做什么操作，在类中都是事先规定好的。多态使程序设计更加简单。比如，前面有关继承的例子中，点类、圆类和圆柱类是继承关系，假设我们在每个类里都设计一个名字相同的方法 draw，用于分别绘制各类所代表的形状。当我们向点对象发消息让它去调用方法 draw 时，它会画一个点，而同样的消息发给圆对象时，它会画一个圆。

8.2 类的定义和使用

8.2.1 类的定义

  Python 中定义类相当于先设计一个对象模板，规定每个对象的属性(数据成员)以及方法(函数成员)。Python 定义类的一般格式如下：

```
class 类名:
    __init__函数 #Python 在__init__函数中定义对象数据成员并初始化
    其他函数
```

  【例 8-1】 定义 1 个圆类(Circle)，包含圆心坐标(x，y)和半径 r 的属性，并设计具有计算面积、放大缩小、移动位置和显示信息 4 个功能。

```python
import math
class Circle:
    def __init__(self, x=0, y=0, r=5):
        self.x = x #定义圆类的 x 坐标并初始化
        self.y = y #定义圆类的 y 坐标并初始化
        self.r = r #定义圆类的半径 r 并初始化

    def area(self): #定义计算面积函数
        s = math.pi*self.r*self.r
        return s
```

```
    def zoom(self, n): #定义放大缩小函数
        if self.r + n > 0:
            self.r = self.r+n

    def move(self, x, y): #定义移动位置函数
        self.x = x
        self.y = y

    def dispinfo(self): #定义显示信息函数
        print("centre(", self.x, ",", self.y, ")")
        print("r=", self.r)
```

说明：__init__函数是一个特殊的函数，主要用于创建对象时对数据成员进行初始化，后面会专门介绍。另外，每个函数都有一个共同的参数 self，这个参数代表对象本身，在后面会有介绍。

8.2.2　对象的创建和使用

当我们定义了类以后要使用该类，就需要创建对象，然后向该对象发送消息，使程序运转起来。

1. 创建对象格式

Python 创建对象的格式非常简单：

对象名=类名(参数)

比如，对于前面的 Circle 类，语句 c1=Circle(7,8,9)表示创建一个圆心坐标为(7,8)半径为 9 的对象 c1。

2. 对象属性的访问

Python 访问对象属性的格式比较简单：

对象名.属性名

比如，在前面的例子里，可以用 c1.r 去访问圆 c1 的半径，但是必须要有访问的权限才行(这一点后面 8.3.2 会介绍)。

3. 向对象发送消息

Python 向对象发送消息的格式也非常简单：

对象名.函数(参数)

比如，对于前面创建的对象 c1，语句 c1.zoom(1)表示向对象发送一条消息对对象进行放大或缩小，该对象接收到这个消息以后，调用函数 zoom，将对象的半径加 1，完成放大功能。这里要特别说明的是，每当向对象发送消息调用相应的函数时，都会自动传递一个 self 对象作为参数，这个 self 对象就是该对象本身。

【例 8-2】　对于前面定义的圆类(Circle)，创建两个对象，计算面积并调用其他的成员函数进行测试。

```
#Circle 类的定义(省略,与例 8-1 的代码一样)
c1 = Circle()  # 创建对象 c1,使用 __init__ 函数中的参数默认值
c2 = Circle(7, 8, 9)  # 创建对象 c2
print("area c1=", c1.area())  # 向对象 c1 发消息计算面积并输出
print("area c2=", c2.area())  # 向对象 c2 发消息计算面积并输出

c1.zoom(1)  # 向对象 c1 发消息放大对象
c1.zoom(-1)  # 向对象 c1 发消息缩小对象
c1.dispinfo()  # 向对象 c1 发消息显示信息

c2.move(1, 1)  # 向对象 c2 发消息移动位置
c2.dispinfo()  # 向对象 c2 发消息显示信息

c1.r = c1.r+1  # 修改对象 c1 半径的值
c1.dispinfo()  # 向对象 c1 发消息显示信息
```

运行结果如下:

area c1= 78.53981633974483

area c2= 254.46900494077323

centre(0 , 0)

r= 5

centre(1 , 1)

r= 9

centre(0 , e)

r= 6

8.3　类的成员及其访问控制

8.3.1　__init__ 函数和 __del__ 函数

1. __init__ 函数

__init__ 函数是一个特殊的函数,主要用于创建对象时将对象初始化,它相当于 C++ 中的构造函数,有的 Python 教材也称之为构造函数。它具有如下特点:

(1) __init__ 函数名是固定的,改成其他名字就不具备特殊性。

(2) __init__ 函数用来声明该属性为私有(有关访问控制,后面会介绍),不能在类的外部被使用或直接访问,在创建对象时自动调用。

(3) __init__ 函数(方法)的第一个参数必须是 self(self 为习惯用法,也可以用其他名字),后面的参数则可以自由定义(和定义函数没有任何区别)。

(4) 类的数据成员(指实例变量，8.3.2 节会作介绍)在__init__函数中定义并初始化。
Circle 类中定义的__init__函数：

```
def __init__(self, x=0, y=0, r=5):
        self.x = x #定义圆类的 x 坐标并初始化
        self.y = y #定义圆类的 y 坐标并初始化
        self.r = r #定义圆类的半径 r 并初始化
```

这里 self.x、self.y、self.r 代表类的数据成员(实例变量)；函数参数中的 x、y、r 是传递进来用于初始化数据成员的，带有默认的参数值，虽然它们与数据成员同名，但它们是不同的变量。参数中 x、y、r 的作用范围仅限于本函数，而数据成员的作用范围是整个类(其他函数也可以访问)。

2. __del__函数

__del__函数也是一个特殊的函数，主要用于撤销对象时做善后清理工作，它相当于 C++中的析构函数，有的 Python 教材也称之为析构函数。它具有如下特点：

(1) __del__函数名是固定的，如果改成其他名字就不具备特殊性了。

(2) __del__函数用来声明该属性为私有(有关访问控制，后面会介绍)，不能在类的外部被使用或直接访问，在撤销对象时自动调用。

(3) __del__函数(方法)的第一个参数必须是 self(self 为习惯用法，也可以用其他名字)，后面的参数则可以自由定义(和定义函数没有任何区别)。

【例 8-3】 给例 8-2 添加__del__函数。

```
def __del__(self):
        print("对象撤销了")
```

程序的运行结果如下：
area c1= 78.53981633974483
area c2= 254.46900494077323
centre(0 , 0)
r= 5
centre(1 , 1)
r= 9
centre(0 , 0)
r= 6
对象撤销了
对象撤销了

这里最后两行输出"对象撤销了"，是由于程序运行结束时对象 c1 和 c2 被自动撤销，这是由调用__del__函数产生的。

8.3.2　数据成员及访问控制

(1) Python 的类的数据成员分为实例变量和类变量两种。

① 实例变量。实例变量是在__init__函数中定义并初始化的。实例变量的最大特点是每个对象的实例变量值可以不同。在前面定义的 Circle 类中，x、y、r 就是实例变量。

② 类变量。类变量是在类中函数的外部定义并初始化的。类变量的特点是对于所有对象，类变量的值是相同的，所以类变量通常用于表示所有对象属性值相同的属性，也就是共享属性。类变量的访问采用如下格式：

类名.属性名

【例 8-4】　修改例 8-3，使其能方便地表示同心圆对象。

```python
import math
class Circle:
    x = 0  # 坐标 x 是类变量
    y = 0  # 坐标 y 是类变量


    def __init__(self, r=5):
        self.r = r  # 半径 r 是实例变量


    def area(self):  # 定义计算面积函数
        s = math.pi*self.r*self.r
        return s

    def zoom(self, n):  # 定义放大缩小函数
        if self.r + n > 0:
            self.r = self.r+n


    def move(self, x, y):  # 定义移动位置函数
        Circle.x = x
        Circle.y = y


    def dispinfo(self):  # 定义显示信息函数
        print("centre(", Circle.x, ",", Circle.y, ")")
        print("r=", self.r)


    def __del__(self):
        print("对象撤销了")

c1 = Circle()    # 创建对象 c1
c2 = Circle(9)  # 创建对象 c2
c1.dispinfo()  # 向对象 c1 发消息显示信息
c2.dispinfo()  # 向对象 c2 发消息显示信息
```

```
Circle.x = Circle.x+5    # 修改类变量 x 的值
Circle.y = Circle.y+5    # 修改类变量 y 的值
c1.dispinfo()    # 向对象 c1 发消息显示信息
c2.dispinfo()    # 向对象 c2 发消息显示信息
```

程序的运行结果如下：

centre(0 , 0)

r= 5

centre(0 , 0)

r= 9

centre(5 , 5)

r= 5

centre(5 , 5)

r= 9

对象撤销了

对象撤销了

这里的 x、y 是类变量，初始值都为 0，c1 和 c2 是两个圆的圆心坐标为(0,0)的同心圆对象。当程序将 x、y 值修改为 5 之后，两个圆的圆心坐标同时改为(5,5)，因为 x、y 是共享变量。

(2) Python 数据成员的访问控制分为公有属性和私有属性两种。

① 公有属性：是指对数据成员的访问不做严格限制，用"对象名.变量名"可以直接访问。Python 默认的属性都是公有的。

② 私有属性：是指数据成员名前加上"__"两个下画线，只能被本类的函数访问，不能被类外部函数访问的数据成员，即私有属性在类外部不能以"对象名.变量名"的方式访问。

【例 8-5】　修改例 8-3，将数据成员 x、y 改为私有属性。

```
import math
class Circle:
    def __init__(self, x=0, y=0, r=5):
        self.__x = x    # x 定义为私有属性
        self.__y = y    # y 定义为私有属性
        self.r = r    # r 定义为公有属性

    def area(self):    # 定义计算面积函数
        s = math.pi*self.r*self.r
        return s

    def zoom(self, n):    # 定义放大缩小函数
        if self.r + n > 0:
```

```
                self.r = self.r+n

        def move(self, x, y):  # 定义移动位置函数
            self.__x = x
            self.__y = y

        def dispinfo(self):  # 定义显示信息函数
            print("centre(", self.__x, ",", self.__y, ")")
            print("r=", self.r)

        def __del__(self):
            print("对象撤销了")

c1 = Circle()  # 创建对象 c1,使用__init__函数中的参数默认值
c2 = Circle(7, 8, 9)  # 创建对象 c2
print("area c1=", c1.area())  # 向对象 c1 发消息计算面积并输出
print("area c2=", c2.area())  # 向对象 c2 发消息计算面积并输出

c1.zoom(1)  # 向对象 c1 发消息放大对象
c1.zoom(-1)  # 向对象 c1 发消息缩小对象
c1.dispinfo()  # 向对象 c1 发消息显示信息

c2.move(1, 1)  # 向对象 c2 发消息移动位置
c2.dispinfo()  # 向对象 c2 发消息显示信息

c1.r=c1.r+1          # 修改公有属性 r 的值，没问题
c1.__x = c1.__x+1  # 试图修改私有属性 x 的值，出错
c1.dispinfo()  # 向对象 c1 发消息显示信息
```

运行结果如下：

area c1= 78.53981633974483

area c2= 254.46900494077323

centre(0 , 0)

r= 5

centre(1 , 1)

r= 9

Traceback (most recent call last):

File "e:/pyprog/Python 教材编写/Ex8_3_3.py", line 42, in <module>

c1.__x = c1.__x+1 #试图修改 x 的值,出错

AttributeError: 'circle' object has no attribute '__x'

对象撤销了

对象撤销了

这里由于 x 是私有属性，语句 c1.__x = c1.__x+1 试图在类的外部修改私有属性的值，所以程序出错了。

8.3.3　函数成员及访问控制

Python 类的函数成员分为实例函数和静态函数。

(1) 实例函数：是指与具体对象有关，调用时第 1 个参数必须是 self 的函数。我们前面例子中看到的函数都是实例函数。

(2) 静态函数：是指与具体对象无关的函数。通常静态函数用于访问类变量，但不能访问实例变量。在静态函数中访问类变量，要通过类名来引用。在定义静态函数时，函数头之前要用@staticmethod 进行修饰。我们可以通过类名或对象名访问静态函数，格式如下：

类名(对象名).静态函数名(参数)

【例 8-6】　修改例 8-4，将 move 函数修改为静态函数。

```python
import math
class Circle:
    x = 0  # 坐标 x 是类变量
    y = 0  # 坐标 y 是类变量

    def __init__(self, r=5):
        self.r = r  # 半径 r 是实例变量

    def area(self):  # 定义计算面积函数
        s = math.pi*self.r*self.r
        return s

    def zoom(self, n):  # 定义放大缩小函数
        if self.r + n > 0:
            self.r = self.r+n

    @staticmethod
    def move(x, y):  # 定义移动位置函数
        Circle.x = x #Circle.x 用于访问静态变量 x
        Circle.y = y #Circle.y 用于访问静态变量 y

    def dispinfo(self):  # 定义显示信息函数
        print("centre(", Circle.x, ",", Circle.y, ")")
```

```
            print("r=", self.r)

      def __del__(self):
           print("对象撤销了")


c1 = Circle()      # 创建对象 c1
c2 = Circle(9)     # 创建对象 c2
c1.dispinfo()      # 向对象 c1 发消息显示信息
c2.dispinfo()      # 向对象 c2 发消息显示信息


c1.move(5, 5)      # 移动圆心的位置
c1.dispinfo()      # 向对象 c1 发消息显示信息
c2.dispinfo()      # 向对象 c2 发消息显示信息


Circle.move(8, 8)  # 移动圆心的位置
c1.dispinfo()      # 向对象 c1 发消息显示信息
c2.dispinfo()      # 向对象 c2 发消息显示信息
```

程序的运行结果如下：

centre(0 ， 0)

r = 5

centre(0 ， 0)

r = 9

centre(5，5)

r = 5

centre(5，5)

r = 9

centre(8，8)

r = 5

centre(8，8)

r = 9

对象撤销了

对象撤销了

想一想：如果把 move 函数改为下列形式，程序的运行结果会怎么样？

```
def move(x, y, r):  # 定义移动位置函数
        Circle.x = x #Circle.x 用于访问静态变量 x
        Circle.y = y #Circle.y 用于访问静态变量 y
        Circle.r = r
```

Python 类的函数成员访问属性分为公有属性和私有属性。

(1) 公有属性：与数据成员的公有属性的用法相同，对函数成员的访问不做严格限制，用"对象名.函数名"可以直接访问。Python 默认的函数成员的属性都是公有的。

(2) 私有属性：与数据成员的私有属性的用法相同，是指函数成员名前加上"__"两个下画线，只能被本类的函数访问，不能被类外部函数访问的函数成员的属性，即私有属性在类外部不能以"对象名.函数名"的方式被访问。一般具有私有属性的函数作为本类的工具函数，不对外使用。

【例 8-7】 修改例 8-6，将 dispinfo 改为私有属性，使程序运行仍然能显示圆的相关信息。

```python
import math
class Circle:
    x = 0   # 坐标 x 是类变量
    y = 0   # 坐标 y 是类变量

    def __init__(self, r=5):
        self.r = r   # 半径 r 是实例变量
        self.__dispinfo()

    def area(self):   # 定义计算面积函数
        s = math.pi*self.r*self.r
        return s

    def zoom(self, n):   # 定义放大缩小函数
        if self.r + n > 0:
            self.r = self.r+n
        self.__dispinfo()

    def move(self, x, y):   # 定义移动位置函数
        Circle.x = x
        Circle.y = y
        self.__dispinfo()

    def __dispinfo(self):   # 定义显示信息函数
        print("centre(", Circle.x, ",", Circle.y, ")")
        print("r=", self.r)

    def __del__(self):
        print("对象撤销了")

c1 = Circle()   # 创建对象 c1
```

```
c2 = Circle(9)   # 创建对象 c2


c1.zoom(1)        # 放大对象 c1
c2.move(5, 5)   # 移动对象 c2
```

程序的运行结果如下：

centre(0 , 0)

r= 5

centre(e , e)

r= 9

centre(e , e)

r= 6

centre(5 , 5)

r= 9

对象撤销了

对象撤销了

这里的函数 dispinfo 改为私有属性，所以当对象的属性发生变化时，在相应的函数中增加 self.__dispinfo()语句，用于调用 dispinfo 函数并显示信息。

想一想，如果在程序最后增加 c1.__dispinfo()语句，程序的运行结果会怎样？

8.4　应用实例：学生成绩的处理

【例 8-8】将第 7 章中学生成绩处理的案例用 OOP 的设计方法加以实现。

思路：设计学生类 student，包含学号、姓名、各科成绩、排名等属性，设计初始化函数和学生信息格式化显示函数；设计班级类 oneclass，包含若干学生对象(用列表表示)，同时包含各门课的最高分、最低分和平均分属性；设计初始化函数、排名函数和成绩表显示函数。

```
class student:   # 学生类的定义
    def __init__(self, num, name, ds, os, db):   # 对象初始化函数
        self.num = num   # 学号
        self.name = name   # 姓名
        self.ds = ds   # 数据结构成绩
        self.os = os   # 操作系统成绩
        self.db = db   # 数据库成绩
        self.total = ds+os+db   # 总成绩
        self.avg = int(self.total/3)   # 平均成绩
        self.sortnum = 0   # 排名

    # 显示每个学生的信息及成绩，每列宽度为 12，中文信息列宽不足的补中文空格
```

```
    def dispinfo(self):   # chr(12288)代表中文空格
        print("{0:<12}{1:{8}<6}{2:<12}{3:<12}{4:<12}
{5:<12}{6:<12}{7:<12}".
            format(self.num, self.name, self.ds, self.os,
            self.db, self.total, self.avg, self.sortnum, chr(12288)))


class oneclass:  # 班级类的定义
    dsmax = 0  # 数据结构最高分
    dsmin = 0  # 数据结构最低分
    osmax = 0  # 操作系统最高分
    osmin = 0  # 操作系统最低分
    dbmax = 0  # 数据库最高分
    dbmin = 0  # 数据库最低分
    dsavg = 0  # 数据结构平均分
    osavg = 0  # 操作系统平均分
    dbavg = 0  # 数据库平均分


    def __init__(self, xs):  #对象初始化函数
        self.students = xs  # 将学生列表传递给班级对象
        # 找出各门课程的最高分、最低分和平均分
# 数据结构最高分
        oneclass.dsmax = max(xs, key=lambda stu: stu.ds).ds
# 数据结构最低分
        oneclass.dsmin = min(xs, key=lambda stu: stu.ds).ds
        oneclass.osmax = max(xs, key=lambda stu: stu.os).os
        oneclass.osmin = min(xs, key=lambda stu: stu.os).os
        oneclass.dbmax = max(xs, key=lambda stu: stu.db).db
        oneclass.dbmin = min(xs, key=lambda stu: stu.db).db
        score = []  # 计算数据结构平均分
        for stu in xs:
            score.append(stu.ds)
        oneclass.dsavg = int(sum(score)/len(score))
        score = []  # 计算操作系统平均分
        for stu in xs:
            score.append(stu.os)
        oneclass.osavg = int(sum(score)/len(score))
        score = []  # 计算数据库平均分
        for stu in xs:
            score.append(stu.db)
```

```python
            oneclass.dbavg = int(sum(score)/len(score))

    def sortscore(self):   # 将学生对象按总成绩排序
        self.students = sorted(
            self.students, key=lambda stu: stu.total, reverse=True)


    def dispallinfo(self):   # 显示成绩排名
        i = 1
        for stu in self.students:   # 处理排名编号
            stu.sortnum = i
            i = i+1
        for stu in self.students:   # 显示排序后的成绩列表
            stu.dispinfo()
        # 显示每门课的最高分和最低分
        print("{0:<12}{1:{5}<6}{2:<12}{3:<12}{4:<12}".format(
            "", "最高分", oneclass.dsmax, oneclass.osmax,
oneclass.dbmax, chr(12288)))
        print("{0:<12}{1:{5}<6}{2:<12}{3:<12}{4:<12}".format(
            "", "最低分", oneclass.dsmin, oneclass.osmin,
oneclass.dbmin, chr(12288)))
        print("{0:<12}{1:{5}<6}{2:<12}{3:<12}{4:<12}".format(
            "", "平均分", oneclass.dsavg, oneclass.osavg,
oneclass.dbavg, chr(12288)))


fo = open("学生成绩表.txt", "r")   # 打开学生成绩文件
xs = []
# 处理第 1 行标题
line = fo.readline()   # 从文件中读出标题行
line = line.replace("\n", "")
headline = line.split(",")
headline.append("总分")
headline.append("平均分")
headline.append("排名")
# 格式化标题行，每列的宽度为 12，不足的以中文空格填充
for i in range(7):   # chr(12288)代表中文空格
    headline[i] += int((12-len(headline[i])*2)/2)*chr(12288)
for h in headline:   # 显示第一行标题行
    print(h, end='')
print()
```

```
# 将后面行数据提取出来，放到学生对象中，并将所有学生对象放到列表里
for line in fo.readlines():
    line = line.replace("\n", "")
    ls = line.split(",")
    stu = student(ls[0], ls[1], int(ls[2]), int(ls[3]), int(ls[4]))
    xs.append(stu)


classcomp2019 = oneclass(xs)      # 传递学生列表，创建班级对象
classcomp2019.sortscore()         # 按成绩排序
classcomp2019.dispallinfo()       # 显示排名后的成绩列表
```

程序运行结果如图 8-1 所示。

学号	姓名	数据结构	操作系统	数据库原理	总分	平均分	排名
1820410101	张九林	80	90	85	255	85	1
1820410103	贾祷	77	83	92	252	84	2
1820410102	高师	75	85	90	250	83	3
1820410108	白居懿	85	75	83	243	81	4
1820410106	宋之雯	66	94	82	242	80	5
1820410109	杜目	81	72	78	231	77	6
1820410105	孟浩燃	75	65	90	230	76	7
1820410104	杜府	60	75	86	221	73	8
1820410107	王伟	75	60	77	212	70	9
1820410110	李动	65	78	63	206	68	10
	最高分	85	94	92			
	最低分	60	60	63			
	平均分	73	77	82			

图 8-1　运行结果

本 章 小 结

本章首先介绍了 OOP 的基本概念和特点，然后通过案例介绍了类的定义和使用、类的成员及其访问控制，最后用 OOP 方法实现了学生成绩处理综合案例。

习　　题

1. 什么是对象？什么是类？试以 Windows 系统举例说明。
2. 请说明消息和方法之间的关系。
3. OOP 有哪些特征？
4. 请说明类的设计是如何体现封装特性的。
5. 请说明继承特性在软件开发中有什么优点。
6. 谈谈你对多态性的理解，并举例说明。
7. 在例 8-1 的基础上增加一个求圆的周长的函数，同时修改其他相关函数，使得程序

能够处理圆的周长信息。

8. 在例 8-1 圆类的基础上设计一个求两圆圆心距的函数并测试。

9. 在例 8-4 的基础上增加记录同心圆对象个数的功能。

10. 在例 8-5 圆类的基础上设计一个求两圆圆心距的函数并测试(请注意这时候圆心坐标已经变成私有属性了)。

11. 在综合案例的基础上，增加以下功能(建议增加菜单功能):

(1) 根据学号查询学生的各门课成绩。

(2) 输入课程名，查询某门课的最高分、最低分或平均分。

(3) 输入课程名，输出这门课成绩的排名。

(4) 输入课程名，统计这门课的及格率和优秀率。

第 9 章　数据库基础

9.1　数据库系统概述

9.1.1　数据库的基本概念

数据、数据表、数据库、数据库管理系统和数据库系统是与数据库技术密切相关的几个基本概念。

1. 数据

数据(Data)是数据库中存储的基本对象。数据在大多数人头脑中的第一个反应就是数字。其实数字只是最简单的一种数据，是数据的一种传统的狭义的理解。广义来看，数据的种类很多，文字、图像、图形、声音、学生的档案记录、学校的课程记录等都是数据。

可以对数据作如下定义：描述事物的符号记录称为数据。描述事物的符号可以是数字，也可以是文字、图形、图像、声音、语言等，数据有多种表现形式，它们都可以经过数字化后存入计算机。

在日常生活中用自然语言描述事物。在计算机中，为了存储和处理这些事务，就要抽出事物的特征组成一个记录来描述。例如，在学生档案中，如果人们感兴趣的是学生的学号、姓名、年龄，那么可以这样描述：

(1820410101，张九林，20)

这里的学生记录就是数据。对于这条学生记录，了解其含义的人会得到如下信息——学号 1820410101 的学生名叫张九林，20 岁；而不了解语义的人则无法理解其含义。所以，数据和关于数据的解释是密不可分的。

2. 数据表

一个关系数据库由若干数据表组成。数据表由行和列组成，每一行称为记录，每一列称为字段。属于某一数据库的表称为数据库表，不属于任何数据库的表称为自由表。

3. 数据库

数据库(DataBase，DB)，顾名思义是存放数据的仓库，只不过这个仓库在计算机存储设备上，而且数据是按一定格式存放的。

人们收集并抽取出一个应用所需要的大量数据后，应将其保存起来以供进一步加工处理。随着大数据时代的来临，我们借助计算机和数据库技术科学地保存和管理大量的复杂数据，以便方便而充分地利用信息资源。

所谓数据库，是指长期存储在计算机内的、有组织的、可共享的数据集合。数据库中的数据按一定的数据模型组织、描述和存储，具有较小的冗余度、较高的数据独立性和易扩展性，可为各种用户共享。

4. 数据库管理系统

了解数据和数据库的概念之后，需要考虑如何科学地组织和存储数据、如何高效地获取和维护数据。完成这个任务的是一个系统软件——数据库管理系统(DataBase Management System，DBMS)。

数据库管理系统是位于用户与操作系统之间的一层数据管理软件。它的主要功能包括以下几个方面：

1) 数据的定义

DBMS 提供数据定义语言(Data Definition Language,DDL)，用户通过它可以方便地对数据库中的数据对象进行定义。

2) 数据的操纵

DBMS 提供数据操纵语言(Data Manipulation Language,DML)，用户可以使用 DML 实现对数据库的基本操作，如查询、插入、删除、修改等。

3) 数据库的运行管理

数据库在建立、运用和维护时由数据库管理系统统一管理，统一控制，以保证数据的安全性、完整性、多用户对数据的并发使用及发生故障后的系统恢复。

4) 数据库的建立和维护

数据库的建立和维护功能包括数据库初始数据的输入、转换功能，数据库的转储、恢复功能，数据库的重组功能和性能监视、分析功能等。

数据库管理系统是数据库系统的一个重要组成部分。

5. 数据库系统

数据库系统(DataBase System，DBS)是指在计算机系统中引入数据库后的系统，一般由计算机硬件及相关软件、数据库、数据库管理系统及用户四部分组成。数据库系统是建立在计算机系统之上的。在硬件方面，需要基本的计算机硬件(主机、外设)支持。在软件方面，需要操作系统、各种宿主语言和一些数据库辅助应用程序。数据库系统的用户通常有三种：一是对数据库系统进行日常维护的数据库管理员，二是用数据操纵语言和高级语言编制应用程序的程序员，三是使用数据库中数据的终端用户。

9.1.2　数据管理技术的产生和发展

数据管理是指对数据进行分类、组织、编码、存储、检索和维护，是数据处理的中心问题。在计算机硬件、软件发展的基础上，数据管理技术经历了人工管理、文件系统、数据库系统三个阶段。

1. 人工管理阶段

20 世纪 50 年代中期以前，计算机主要用于科学计算。当时的硬件状况是外存只有纸带、卡片、磁带，没有直接存取的存储设备；软件状况是没有操作系统和管理数据的软件；数据处理方式是批处理。因此，人工管理数据具有如下特点：

(1) 数据不保存。

(2) 应用程序管理数据。

(3) 数据不共享。

(4) 数据不具有独立性。

2．文件系统阶段

20 世纪 50 年代后期到 60 年代中期，硬件方面已有了磁盘、磁鼓等直接存取数据的存储设备；在软件方面，操作系统中有了专门的数据管理软件，一般称为文件系统；处理方式不仅有批处理，还能够实现联机实时处理。

文件系统管理数据具有如下特点：

(1) 数据可以长期保存。

(2) 由文件系统管理数据。

(3) 数据共享性差，冗余度大。

(4) 数据独立性差。

3．数据库系统阶段

20 世纪 60 年代后期以来，硬件方面已有大容量磁盘，硬件价格下降；软件价格上升，应用程序成本相对增加；在处理方式上，开始出现分布式处理。为解决多用户、多应用共享数据的需求，数据库技术应运而生，数据管理进入数据库系统阶段，标志着数据管理技术的飞跃。

数据库通常分为层次式数据库(层次模型)、网络式数据库(网状模型)和关系型数据库(关系模型)。不同的数据库是按照不同的数据结构来联系和组织数据的。

层次模型也称树状模型，实质是一种有根结点的定向有序树。

网状模型可以是任意一个连通的基本层次联系的集合。

关系模型是目前最流行的一种逻辑数据模型，以二维表格来表示实体间的联系。

4．大数据时代的数据管理

传统的关系型数据库可以较好地支持结构化数据的存储和管理，但随着大数据时代的来临，各种新型 NoSQL 数据库不断涌现，非结构化数据在数据总量中的占比超过 90%。

NoSQL 是一种不同于关系数据库的数据库管理系统，是对非关系型数据库的统称，其支持海量数据存储，可以较好地应用于大数据时代的各种数据管理。

近年来，NewSQL 开始逐渐升温。NewSQL 是对各种新的可扩展、高性能数据库的统称，兼具 NoSQL 和传统数据库的特性。

云数据库是在云计算的大背景下发展起来的一种新型的共享基础架构的方法，数据库的所有功能都在云端提供，极大地增强了数据库的存储能力。

9.1.3　数据库系统的特点

与人工管理和文件系统相比，数据库系统的特点主要有以下几个方面：

(1) 数据结构化。

在数据库系统中，数据不再针对某一应用，而是面向全组织，具有整体结构。比如，对学生的成绩管理，不仅要考虑学生的基本信息，还要考虑课程的基本信息和学生的成绩信息。在描述数据时不仅要描述数据本身，还要描述学生、课程、成绩之间的联系。

(2) 数据的共享性高，冗余度低，易扩充。

数据可以被多个用户、多个应用共享使用。数据共享可以大大减少数据冗余，节约存储空间，避免数据之间的不相容性与不一致性。比如，学生、课程、成绩等数据可以被学校人事处、教务处、学生处等各个部门共享，用于学生信息统计、课程统计、成绩统计等各种应用。同时，这使得数据库系统弹性大，易于扩充，可以适应各种用户要求。

9.2 Python 内置数据库 SQLite

9.2.1 基本介绍

SQLite 是一款轻型的关系型数据库管理系统，是非常著名的开源嵌入式数据库软件。其官方网站为 http://www.sqlite.org。SQLite 包含在一个相对小的 C 库中，能够支持 Windows、Linux 等主流的操作系统，同时能够与很多程序语言相结合，比如 Python、C#、PHP、Java 等。SQLite 的第一个 Alpha 版本诞生于 2000 年 5 月，2021 年迎来了 SQLite3 版本的发布。

9.2.2 安装与使用

在 Python2.5 之后，SQLite 内置了 SQLite3，无须安装，只需导入即可。

命令格式如下：

```
import sqlite3
```

导入以后，就可以使用其中的功能来操作数据库了。

创建或打开数据库，建立与数据库关联的 Connection 对象的方法是：SQLite3 调用 connect 函数，指定库名称，如果指定的数据库存在，则直接打开这个数据库，如果不存在则新创建一个数据库后再打开。

命令格式如下：

```
Connection 对象=sqlite3.connect("数据库")
```

例如：

```
xs=sqlite3.connect("xsgl.db")
```

说明：创建或打开数据库 xsgl.db,建立 Connection 对象 xs。

Connection 是 SQLite3 模块中最基本、最重要的类。Connection 对象主要有以下操作：

(1) execute(sql[,parameters]) ：执行一条 SQL 语句。

(2) executemany(sql[,parameters]) ：使用不同参数执行多次 SQL 语句。

(3) commit()：提交当前事务。

(4) rollback()：使事务回滚，将数据库恢复到上次调用 commit()后的状态。

(5) close()：关闭数据库连接。

(6) cursor()：创建游标对象。

Cursor 对象即为游标对象，是 SQLite3 模块中比较重要的对象。什么是游标呢？游标(Cursor)是处理数据的一种方法，为了查看或者处理结果集中的数据，游标提供了在结果集中一次一行或者多行向前或向后浏览数据的能力。我们需要使用游标对象 SQL 语句查询数据库，从而获得查询对象。所以在具体操作时，可以把游标当作一个指针，指定结果中的任何位置，然后允许用户对指定位置的数据进行处理。

命令格式如下：

```
游标=Connection.cursor()
```

例如：

```
cu=xs.cursor()
```

说明：通过 Connection 对象 xs 创建了游标对象 cu。

游标主要包含以下操作：

(1) execute(sql[,parameters])：执行一条 SQL 语句。

(2) executemany(sql,seq_of_parameters)：对所有给定参数执行同一条 SQL 语句。

(3) close()：关闭游标。

(4) fetchone()：从结果中取一条记录，并将游标指向下一条记录。

(5) fetchmany()：从结果中取多条记录。

(6) fetchall()：从结果中取出所有记录。

(7) scroll()：使游标滚动。

9.2.3 实例演示

通过游标对象，我们可以在 SQLite3 中完成创建表、插入数据、查询、修改、删除等多种操作。

1. 创建表

创建表的语法格式如下：

```
cu.execute("CREATE TABLE 学生(学号 varchar(10) PRIMARY KEY, 姓名  varchar(30), 年龄 integer) ")
```

说明：创建了表"学生"，该表包含 3 列，分别是学号(长度为 10 位的字符串)、姓名(长度为 30 位的字符串)和年龄(整数)。

2. 插入数据

插入数据的语法格式如下：

```
sql="INSERT INTO 学生(学号,姓名,年龄) VALUES(\"1820410101\",\"张九林\",20)"
cu.execute(sql)
```

上面两句可以直接合并成：

```
cu.execute("INSERT INTO 学生(学号,姓名,年龄)VALUES(\"1820410101\",
\"张九林\",20)")
```

说明："学生"表中插入了一条记录(1820410101，张九林，20)。

3. 查询

查询的语法格式如下：

```
values=cu.execute("select * from 学生")
```

说明：查询"学生"表中的所有记录，将结果存入变量 values 中。

4. 修改

修改的语法格式如下：

```
cu.execute("update 学生 set 年龄=25 Where 姓名='张九林'")
```

说明：将"学生"表中姓名为"张九林"的记录年龄改为 25。

5. 删除记录

删除记录的语法格式如下：

```
cu.execute("delete from 学生")
```

说明：删除"学生"表中的所有记录。

```
cu.execute("delete from 学生  where 姓名='张九林'")
```

说明：删除"学生"表中姓名是张九林的记录。

6. 删除整张表

删除整张表的语法格式如下：

```
cu.execute("DROP table 学生")
```

说明：删除"学生"表。

7. 中文处理

Python 是 Unicode 编码，但数据库对中文使用的是 GBK 编码。比如，姓名变量含有中文，因此需要做 Unicode(姓名, "gbk")处理。

9.3　应用实例：学生成绩的处理

现在我们通过 SQLite3 模块完成对学生成绩的管理。新建数据库 xsgl.db，包含三张表 xs、kc、cj，分别存储学生信息、课程信息、成绩信息。三张表的结构和记录分别如图 9-1 至图 9-3 所示。

XS

字段名	类型	长度	是否主键
学号	varchar	10	Primary key
姓名	varchar	30	
年龄	integer		

```
学号,姓名,年龄
1820410101,张九林,20
1820410102,高师,19
1820410103,贾祷,20
1820410104,杜府,20
1820410105,孟浩燃,19
1820410106,宋之雯,19
1820410107,王伟,19
1820410108,白据懿,20
1820410109,杜目,20
1820410110,李动,20
```

图 9-1　学生表 xs 的结构和记录

kc

字段名	类型	长度	是否主键
课程号	varchar	4	Primary key
课程名	varchar	30	

课程号,课程名
1001,数据结构
1002,操作系统
1003,数据库原理

图 9-2 课程表 kc 的结构和记录

cj

字段名	类型	长度	是否主键
课程号	varchar	4	Primary key
课程名	varchar	30	

学号,课程号,成绩
1820410101,1001,80
1820410101,1002,90
1820410101,1003,85
1820410102,1001,75
1820410102,1002,85
1820410102,1003,90
1820410103,1001,77
1820410103,1002,83
1820410103,1003,92
1820410104,1001,60
1820410104,1002,75
1820410104,1003,86
1820410105,1001,75
1820410105,1002,65
1820410105,1003,90
1820410106,1001,66
1820410106,1002,94
1820410106,1003,82
1820410107,1001,65
1820410107,1002,60
1820410107,1003,77
1820410108,1001,85
1820410108,1002,75
1820410108,1003,83
1820410109,1001,81
1820410109,1002,72
1820410109,1003,78
1820410110,1001,65

图 9-3 成绩表 cj 的结构和记录

Python3.9 内置数据库 SQLite3 的基本操作步骤一般包括：

(1) 连接数据库。

(2) 获取数据库游标。

(3) 确定 SQL 语句。

(4) 执行 SQL。

(5) 提交。

(6) 关闭连接。

如果输入的记录不多，则我们直接将内容赋给列表，执行如下代码：

```
import sqlite3                      #引入内置库 SQLite3
xs=sqlite3.connect("xsgl.db")   #创建数据库 xsgl，建立 Connection 对象 xs
cu=xs.cursor()                     #建立游标 cu
#建立学生表 xs 并输入记录
cu.execute("CREATE TABLE xs(学号 varchar(10) PRIMARY KEY, 姓名  varchar(30), 年龄
integer) " )
  ls1=[("1820410101"," 张 九 林 ",20),("1820410102"," 高 师 ",19),("1820410103"," 贾 祷
",20),("1820410104","杜府",20),("1820410105","孟浩燃",19),\
```

```
   ("1820410106"," 宋之雯 ",19),("1820410107"," 王伟 ",19),("1820410108"," 白据懿
",20),("1820410109","杜目",20),("1820410110","李动",20)]
   cu.executemany("insert into xs (学号,姓名,年龄) values (?,?,?)", ls1)
#查询并显示 xs 的记录
values=cu.execute("select * from xs")
for i in values:
    print(i)
#建立课程表 kc 并输入记录
cu.execute("CREATE TABLE kc(课程号 varchar(4) PRIMARY KEY, 课程名  varchar(30)) " )
ls2=[("1001","数据结构"),("1002","操作系统"),("1003","数据库原理")]
cu.executemany("insert into kc (课程号,课程名) values (?,?)", ls2)

#查询并显示 kc 的记录
values=cu.execute("select * from kc")
for i in values:
    print(i)
#建立成绩表 cj 并输入记录
cu.execute("CREATE TABLE cj(学号 varchar(10),课程号 varchar(4),成绩 integer)" )
ls3=[(1820410101,1001,80),(1820410101,1002,90),( 1820410101,1003,85 )]
cu.executemany("insert into cj(学号,课程号,成绩) values (?,?,?)", ls3)
#查询并显示 cj 的记录
values=cu.execute("select * from cj")
for i in values:
    print(i)
    xs.commit()    #事务递交
cu.close()      #关闭数据库
```

如果输入记录比较多，我们可以预先把学生记录导入学生表.txt，课程记录导入课程表.txt，成绩记录导入成绩表.txt，再通过 txt 文件产生列表，代码内容如下：

```
import sqlite3 #引入内置库 SQLite3
xs=sqlite3.connect("xsgl.db")  #创建数据库 xsgl
cu=xs.cursor()    #建立游标 cu
#建立学生表 xs 并导入文件 "学生表.txt"内容
cu.execute("CREATE TABLE xs(学号 varchar(10) PRIMARY KEY, 姓名  varchar(30), 年龄
integer) " )
f1 = open("学生表.txt","rt")  #打开文件学生表.txt
ls1=[]
for i in f1:                    #扫描文件每一行
    i=i.split(",")              #文件一行字符串变为列表
```

```
    i=tuple(i)                    #列表变为元组
    ls1.append(i)                 #元组添加到列表 ls1
cu.executemany("insert into xs (学号,姓名,年龄) values (?,?,?)", ls1)
#查询并显示 xs 的记录
values=cu.execute("select * from xs")
for i in values:
    print(i)
#建立课程表 kc 并导入文件"课程表.txt"内容
cu.execute("CREATE TABLE kc(课程号 varchar(4) PRIMARY KEY, 课程名  varchar(30)) " )
f2= open("课程表.txt","rt")
ls2=[]
for i in f2:
    i=i.split(",")
    i=tuple(i)
    ls2.append(i)
cu.executemany("insert into kc (课程号,课程名) values (?,?)", ls2)
#查询并显示 kc 的记录
values=cu.execute("select * from kc")
for i in values:
    print(i)
#建立成绩表 cj 并导入文件"成绩表.txt"内容
cu.execute("CREATE TABLE cj(学号 varchar(10),课程号 varchar(4),成绩 integer)" )
f3 = open("成绩表.txt","rt")
ls3=[]
for i in f3:
    i=i.split(",")
    i=tuple(i)
    ls3.append(i)
cu.executemany("insert into cj(学号,课程号,成绩) values (?,?,?)", ls3)
#查询并显示 cj 的记录
values=cu.execute("select * from cj")
for i in values:
    print(i)
f1.close()    #关闭文件 f1
f2.close()    #关闭文件 f2
f3.close()    #关闭文件 f3
xs.commit()   #事务递交
cu.close()    #关闭数据库
```

本 章 小 结

本章讲解了数据、数据库、数据库管理系统、数据库系统等基本概念，介绍了数据管理技术的产生和发展及数据库系统的特点，还介绍了 Python 内置数据库 SQLite 的概念、安装及基本使用方法，最后通过综合实例实践加以巩固。

习　　题

1. 简述数据、数据库、数据库管理系统、数据库系统之间的关系。

2. 给定三个 txt 文件，即学生.txt、课程.txt、成绩.txt，通过 Python 内置的 SQLite3 数据库，创建数据库文件 xslb.db，在数据库中新建表 xs、kc、cj，输入相应 txt 文件中的内容，并将记录查询输出。

第10章　图形界面设计

Python 提供了多个图形界面开发工具,常用的 GUI 库有 Tkinter 库、wxPython 库、Jython 库等。其中,Tkinter 库是一个轻量级的跨平台的图形界面开发工具,可以运行在大多数 UNIX 平台、Windows 平台和 Mac 系统上。另外,Tkinter 库为 Python 内置的标准库,不需要单独安装,只需要导入就可以使用,非常方便。

10.1　窗　　口

10.1.1　窗口的创建

窗口是一个容器,窗口可以放置各种各样的组件,如标签、按钮、文本框等。要创建界面,首先要创建窗口。窗口的创建方法如下:

```
win=tkinter.Tk()
```

窗口容器的常用方法见表 10-1。

表 10-1　窗口容器的常用方法

方　　法	功　能　说　明
title(string)	设置窗口的标题为 string
geometry(newGeometry)	设置窗口的长宽和位置,参数为字符串,形式如下: width x height±x ±y。其中,"+"表示与屏幕左边或者上方的距离,"−"表示与屏幕右边或者下方的距离。例如,$400 \times 300 + 100 + 200$ 表示宽度为 400,高度为 300,窗口与屏幕左边的距离为 100,与屏幕上方的距离为 200
state(newstate)	设置窗口为最大化窗口(zoomed)、最小化窗口(iconic)、普通窗口(normal)
maxsize(width,height)	设置窗口的最大尺寸
minsize(width,height)	设置窗口的最小尺寸

【例 10-1】　窗口的创建案例。

代码及运行效果如下:

```
import tkinter
##定义事件处理函数
root=tkinter.Tk()
root.title("我的窗口")  ##设置窗口标题
```

```
root.geometry("300x200+100+100") ##设置窗口大小及位置
root.state("normal")  ##设置普通窗口
root.minsize(width=100,height=100) ##设置最小尺寸
root.maxsize(width=400,height=300) ##设置最大尺寸
root.mainloop()
```

运行后的结果如图 10-1 所示。当拖放窗口大小时，最大尺寸达到 400×300，最小尺寸为 100×100，窗口大小只能在最大尺寸和最小尺寸之间进行拖放。

图 10-1　运行效果

10.1.2　几何布局管理

几何布局管理用于设置父组件(通常为窗口)上的子组件的布局方式。Tkinter 提供了三种布局方式。

1. pack 布局方式

pack()的使用方法如下：

```
子组件.pack(parameters)
```

其中，parameters 为参数。

pack()的常用参数见表 10-2。

表 10-2　pack()的常用参数

参　　数	说　　　　明
side	表示组件的位置。side 的取值如下：tkinter.LEFT 表示左边；tkinter.RIGHT 表示右边；tkinter.TOP 表示上边(默认值)；tkinter.BOTTOM 表示下边
padx,pady	表示组件在 x 方向和 y 方向上与其他组件之间的距离
ipadx,ipady	表示组件内部在 x 方向和 y 方向上的大小
fill	表示是否填充。fill 的取值如下：x 表示 x 方向上填充；y 表示 y 方向上填充；both 表示在 x 方向和 y 方向同时填充；none 表示两个方向都不填充
expand	表示是否启用扩展空间。expand 的取值如下：yes 表示启用扩展空间；no 表示不启用扩展空间

【例 10-2】　pack()布局使用案例。

代码及运行效果如下：

```
import tkinter
root=tkinter.Tk()
#标签
label=tkinter.Label(root,text="学生信息管理系统",bg="yellow")
label.pack(side=tkinter.TOP,ipady=10,pady=10,fill="x")
#按钮
buttonUsername=tkinter.Button(root,text="欢迎登录",bg="green")
buttonUsername.pack(side=tkinter.BOTTOM,expand="yes")
root.mainloop()
```

这里标签"学生信息管理系统"设置 fill 参数为"x"，当拖动窗口时，标签会在 x 轴方向上填满，如果不设置，则标签的长度为原始大小。对于"欢迎登录"按钮，如果设置 expand 为"yes"，则启用扩展空间，按钮显示在下方的中间，运行效果如图 10-2 所示；如果设置 expand 为"no"，则按钮显示在最底下，运行效果如图 10-3 所示。

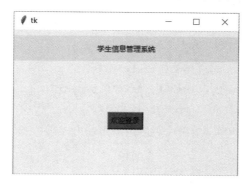

图 10-2　运行效果

图 10-3　运行效果

2. grid 布局方式

grid()方法采用表格形式布局组件，子组件的位置由行号和列号决定。组件可以跨多行和多列，在同一列中的列宽由这一列中最宽的那个单元格决定。

grid()的使用方法如下：

```
子组件.grid(parameters)
```

其中，parameters 为参数。

grid()的常用参数见表 10-3。

表 10-3　grid()的常用参数

参　　数	说　　明
row,column	表示行号和列号
padx,pady	表示组件在 x 方向和 y 方向上与其他组件之间的距离
ipadx,ipady	表示组件内部在 x 方向和 y 方向上的大小
rowspan,columnspan	表示行跨度和列跨度
sticky	表示组件在单元格中的位置。sticky 的取值如下：n、s、w、e、nw、ne、sw、se、center、ewsn 分别表示东西南北；nw、ne、sw、se 表示它们的组合；center 表示中间(默认值)

【例 10-3】　grid 布局使用案例。

代码及运行效果如下：

```python
import tkinter
root=tkinter.Tk()
#标签
labelUsername=tkinter.Label(root,text="用户名")
labelUsername.grid(row=0,column=0,padx=10,pady=10)
labelPassword=tkinter.Label(root,text="密码")
labelPassword.grid(row=1,column=0,padx=10,pady=10)
#单行文本框输入
entryUsername=tkinter.Entry(root,width=15)
entryUsername.grid(row=0,column=1,padx=10,pady=10)
entryPassword=tkinter.Entry(root,width=15,show="*")
entryPassword.grid(row=1,column=1,padx=10,pady=10)
#立即登录按钮
button=tkinter.Button(root,text="立即登录")
button.grid(row=2,column=0,columnspan=2) ##列跨度 2 列
root.mainloop()
```

运行效果如图 10-4 所示。

图 10-4　运行效果

3. place 布局方式

place()方法通过指定组件的 x 坐标和 y 坐标来决定组件的位置。

place()的使用方法如下：

```
子组件.place(parameters)
```

其中，parameters 为参数。

place()的常用参数见表 10-4。

表 10-4 place()的常用参数

参　　数	说　　　明
x,y	表示组件的 x 坐标和 y 坐标
relx,rely	表示默认组件相对于父控件的坐标
width,height	表示组件的宽度和高度

【例 10-4】 place 布局使用案例。

代码及运行效果如下：

```
import tkinter
root=tkinter.Tk()
root.title="学生信息管理系统"
root.geometry("300x200")
#标签
labelUsername=tkinter.Label(root,text="用户名")
labelUsername.place(x=20,y=40)##绝对坐标
labelPassword=tkinter.Label(root,text="密码")
labelPassword.place(x=20,y=90)##绝对坐标
#单行文本框输入
entryUsername=tkinter.Entry(root,width=15)
entryUsername.place(x=120,y=40)##绝对坐标
entryPassword=tkinter.Entry(root,width=15,show="*")
entryPassword.place(x=120,y=90)##绝对坐标
#立即登录按钮
button=tkinter.Button(root,fg="green",text="立即登录")
button.place(relx=0.4,rely=0.7)##相对坐标
root.mainloop()
```

运行效果如图 10-5 所示。

图 10-5　运行效果

10.2　常用 Tkinter 组件的使用

10.2.1　Label 组件

Label 组件用于在指定的窗口中显示文本和图像，创建 Label 组件的语法格式如下：

```
Label=tkinter.Label(master,parameter=values)
```

其中，master 表示 Label 组件的父容器，parameter 为参数。Label 组件的常用参数见表 10-5。

表 10-5　Label 组件的常用参数

属　　性	功　能　说　明
width	表示宽度
height	表示高度
text	设置标签的文本
compound	设置文本与图像的位置关系。Center 设置文本覆盖在图像上；left 设置图像在文字左边；right 设置图像在文字右边；top 设置图像在文字上方；bottom 设置文字在图像下方
image	显示自定义图片，如 png、gif 等
bitmap	显示内置的系统图标，如 question、error、warning、info、hourglass
font	设置标签文字的字体及大小等
anchor	指定文本或图像在标签上的位置。anchor 可选值如下：n(北)、s(南)、w(西)、e(东)以及它们的组合，如 nw、ne、sw、se。另外，center 表示正中间
fg	表示标签的前景色，即字体颜色
bg	表示标签的背景色

【例 10-5】 显示 Label 组件。

代码及运行效果如下：

```
import tkinter
root=tkinter.Tk()          ##创建窗口对象
label=tkinter.Label(master=root,text="学生信息管理系统
",anchor="center",fg="green",font=("微软雅黑",12))
label.pack()               ##显示标签组件
bm=tkinter.PhotoImage(file="e://python 教材编写//第 10 章案例//book.png")
label2=tkinter.Label(fg="green",text="欢迎进入",
compound="center",font=("微软雅黑",30),image=bm)
label2.pack()
root.mainloop()            ##进入消息循环，也就是显示窗口
```

运行效果如图 10-6 所示。

图 10-6 运行效果

10.2.2 Button 组件

Button 组件用于实现各种按钮。它的主要属性与 Label 组件的非常相似，但由于 Button 组件可以响应事件，因此该组件有一个非常重要的属性——command 属性，可以用来设置当用户单击该按钮时响应的函数或方法。也就是说，当用户单击按钮时，会自动调用 command 所设置的函数或者方法。创建 Button 组件的语法格式如下：

```
button=tkinter.Button(master,parameter=values)
```

其中，master 表示 Button 组件的父容器；parameter 为参数。Button 组件的主要参数见表 10-6。

表 10-6　Button 组件的主要参数

属　性	功　能　说　明
width	表示宽度
height	表示高度
text	设置按钮上面显示的文本
compound	设置文本与图像的位置关系。center 设置文本覆盖在图像上；left 设置图像在文字左边；right 设置图像在文字右边；top 设置图像在文字上方；bottom 设置文字在图像下方
image	显示自定义图片，如 png、gif 等
bitmap	显示内置的系统图标，如 question、error、warning、info、hourglass
font	设置标签文字的字体及大小等
anchor	指定文本或图像在按钮上的位置。anchor 的可选值如下：n(北)、s(南)、w(西)、e(东)以及它们的组合，如 nw、ne、sw、se。另外，center 表示正中间
fg	按钮的前景色，即字体颜色
bg	按钮的背景色
command	指定 Button 的事件处理函数
bd	Button 按钮边框的大小

【例 10-6】　Button 按钮使用案例。

代码及运行效果如下：

```python
import tkinter
def newwindow():
    top=tkinter.Toplevel(root)
    label1=tkinter.Label(master=top,text="已登录",font=("宋体",14,"bold"))
    label1.pack()
    top.mainloop()
root=tkinter.Tk()        ##创建窗口对象
root.geometry("300x100")
##创建标签
label=tkinter.Label(master=root,text="学生信息管理系统",
                anchor="center",fg="green",font=("微软雅黑",12))
label.pack()            ##显示标签
bm=tkinter.PhotoImage(file="e://python教材编写//第10章案例//book.png")
button=tkinter.Button(root,fg="green",text="欢迎进入",bd=2,command=newwindow,
            font=("宋体",20,"bold"),bg="yellow")
```

```
button.pack()
root.mainloop()
```

运行效果如图 10-7 所示。

图 10-7　运行效果

10.2.3　文本框组件

文本框组件用于文本的输入和显示，有单行文本框组件 Entry 和多行文本框组件 Text。单行文本框组件用于单行文本的输入及文本显示，多行文本框组件用于多行文本输入及文本显示。

以单行文本框组件 Entry 为例，其创建如下：

```
entry=tkinter.Entry(master,parameter=values)
```

其中，master 表示 Entry 组件的父容器，parameter 为参数。Entry 组件的主要参数见表 10-7，Entry 组件的主要方法见表 10-8。

表 10-7　Entry 组件的主要参数

属　　性	功　能　说　明
width	宽度
show	文本框显示的字符，用于密码输入，如设置为"*"
font	文本框文字的字体及大小等
fg	文本框的前景色，即字体颜色
bg	文本框的背景色
state	可以设置为 normal(正常输入)，disabled(禁止输入)，readonly(只读)，默认为 normal

表 10-8　Entry 组件的主要方法

方　　法	功　能　说　明
get()	获取文本框中输入的内容
insert(index,string)	从 index 位置开始插入字符串 string
delete(first,last=None)	删除从 first 到 last 之间的字符串，不包含 last，如果要删掉全部，可以设置 last 为 end

【例 10-7】 Entry 文本框使用案例。

代码及运行效果如下：

```python
import tkinter
import sqlite3
##插入学生信息
def btn1Click():
    lst=[]
    lst.append(entryNo.get())
    lst.append(entryName.get())
    lst.append(int(entryAge.get()))
    cur.execute("insert into xs(学号,姓名,年龄) values(?,?,?)",tuple(lst))
    con.commit()
##清空 entry 输入框内容
def btn2Click():
    entryNo.delete(0,"end")
    entryName.delete(0,"end")
    entryAge.delete(0,"end")
##连接学生管理数据库
con = sqlite3.connect("e:\\python 教材编写\\第 10 章案例\\xsgl.db")
cur = con.cursor()
##创建主窗口及各种组件
root=tkinter.Tk()
root.geometry("300x200")
label=tkinter.Label(root,text="学生信息录入",font=("宋体",16))
label.place(x=80,y=10)
labelNo=tkinter.Label(root,text="学号")
labelNo.place(x=40,y=40)
labelName=tkinter.Label(root,text="姓名")
labelName.place(x=40,y=70)
labelAge=tkinter.Label(root,text="年龄")
labelAge.place(x=40,y=100)
entryNo=tkinter.Entry(root)
entryNo.place(x=90,y=40)
entryName=tkinter.Entry(root)
entryName.place(x=90,y=70)
entryAge=tkinter.Entry(root)
entryAge.place(x=90,y=100)
```

```
btn1=tkinter.Button(root,text="确定",command=btn1Click,width=10)
btn1.place(x=50,y=140)
btn2=tkinter.Button(root,text="取消",command=btn2Click,width=10)
btn2.place(x=160,y=140)
root.mainloop()
cur.close()
con.close()
```

运行效果如图 10-8 所示。

图 10-8　运行效果

10.2.4　列表框组件

列表框组件 Listbox 用于显示多个项目，用户可以选中一个或者选中多个项目。列表框的创建如下：

```
listbox=tkinter.Listbox(master,parameter=values)
```

其中，master 表示 Listbox 组件的父容器，parameter 为参数。Listbox 组件的主要参数见表 10-9，主要方法见表 10-10。

表 10-9　Listbox 组件的主要参数

属　　性	功　能　说　明
width	宽度
height	设置列表框显示的行数，默认值为 10
font	列表框文字的字体及大小等
fg	按钮的前景色，即字体颜色
bg	按钮的背景色

表 10-10　Listbox 组件的主要方法

方　法	功　能　说　明
delete(first,last=None)	删除参数 first 到 last(包含)的所有选项，忽略 last 参数，则删除 first 参数指定的选项
insert(index,*elements)	添加一个或者多个项目到列表框中，如果 index 为 tkinter.END，则在末尾添加
curselection()	返回当前选项的索引值
get(first,last=None)	返回一个元组，包含参数 first 到 last 范围内(包含 first 和 last)的所有选项的文本；如果忽略 last 参数，表示返回 first 参数指定选项的文本
selection_set(first,last=None)	设置参数 first 到 last 范围内(包含 first 和 last)选项为选中状态；如果忽略 last 参数，则只设置 first 参数指定选项为选中状态
size()	返回列表框中所有选项的数量

【例 10-8】　列表框使用案例。

代码及运行效果如下：

```python
def btnLeftButton():
    select=listboxRight.curselection()
    listboxLeft.insert(tkinter.END,listboxRight.get(select))
    listboxRight.delete(select)
##单击"右移"按钮，将选中的名字移到右边
def btnRightButton():
    select=listboxLeft.curselection()
    listboxRight.insert(tkinter.END,listboxLeft.get(select))
    listboxLeft.delete(select)
##建立主窗口
root=tkinter.Tk()
root.title="学生信息"
label=tkinter.Label(text="学生信息")
label.grid(row=0,column=0,columnspan=3)
##建立左边的列表框，并填入名字
listboxLeft=tkinter.Listbox()
for item in ["张九林","高师","贾祷","杜府","孟浩燃","宋之雯","王伟","白居懿","杜目","李动"]:
    listboxLeft.insert(tkinter.END,item)
listboxLeft.selection_set(0)
listboxLeft.grid(row=1,column=0,rowspan=2)
##创建"左移"和"右移"按钮
rightMoveButton=tkinter.Button(root,text="右移",command=btnRightButton)
leftMoveButton=tkinter.Button(root,text="左移",command=btnLeftButton)
```

```
rightMoveButton.grid(row=1,column=1,rowspan=2)
leftMoveButton.grid(row=2,column=1,rowspan=2)
##建立右边的列表框
listboxRight=tkinter.Listbox()
listboxRight.grid(row=1,column=2,rowspan=2)
root.mainloop()
```

运行效果如图 10-9 所示。

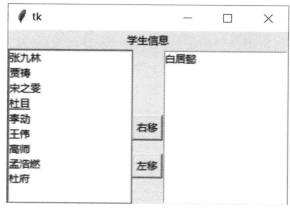

图 10-9　运行效果

10.2.5　单选按钮组件

单选按钮组件 Radiobutton 实现选项的单选功能，其创建如下：

```
radioButton=tkinter.Radiobutton(master,parameter=values)
```

其中，master 表示 Radiobutton 组件的父容器，parameter 为参数。Radiobutton 组件的主要参数见表 10-11。

表 10-11　Radiobutton 组件的主要参数

属　　性	功　能　说　明
width	表示宽度
height	表示高度
font	单选按钮文字的字体及大小等
fg	表示前景色
bg	表示背景色
text	表示显示的文本
variable	与 Radiobutton 组件关联的变量，同一组中的所有按钮的 ariable 选项都指向同一个变量
value	每个选项按钮对应的值，通过该值可以判断单击哪个按钮
command	指定该按钮关联的函数或者方法

【例 10-9】 Radiobutton 组件使用案例。

代码及运行效果如下：

```python
import tkinter
lst=["红色","蓝色","绿色"]
color=["red","blue","green"]
##单击单选按钮后设置背景色
def radioColor():
    for i in range(len(lst)):
        if r.get()==i:
            cv["bg"]=color[i]
root=tkinter.Tk()
##创建画布
cv=tkinter.Canvas(root,width=200,height=200)
cv.place(x=0,y=0)
r=tkinter.IntVar()
##设置默认选中按钮
r.set(0)
cv["bg"]=color[0]
##创建单选按钮
for i in range(len(lst)):
    radio=tkinter.Radiobutton(root,variable=r,value=i,
                              text=lst[i],command=radioColor)
    radio.place(x=70,y=40+i*40)
root.mainloop()
```

运行效果如图 10-10 所示。

图 10-10　运行效果

10.2.6　复选框组件

复选框组件 CheckButton 实现选项的多选功能。其创建如下：

```
CheckButton=tkinter.Checkbutton(master,parameter=values)
```

其中，master 表示 CheckButton 组件的父容器，parameter 为参数。CheckButton 组件的主要参数见表 10-12。

表 10-12 CheckButton 组件的主要参数

属 性	功 能 说 明
width	表示宽度
height	表示高度
font	设置文字的字体及大小等
fg	表示前景色
bg	表示背景色
text	表示显示的文本
variable	与 Checkbutton 组件关联的变量，不同复选框对应的变量不同
onvalue	复选框选中时变量的值
offvalue	复选框未选中时变量的值
command	指定复选框关联的函数或者方法

【例 10-10】 复选框组件使用案例。

其代码及运行效果如下：

```
import tkinter
from tkinter import messagebox as msgbox
root=tkinter.Tk()
lst=["红色","蓝色","绿色"]
##单击选项按钮后显示消息窗口
def btnButtonClick():
    txt="你喜欢的颜色是"
    if r.get()==1:
        txt+="红色"
    if b.get()==1:
        txt+="蓝色"
    if g.get()==1:
        txt+="绿色"
    msgbox.showinfo("Info",txt)
##创建 label 组件
label=tkinter.Label(root,text="你喜欢的颜色有哪些？")
label.place(x=50,y=20)
##设置复选框的默认值为不选中
r=tkinter.IntVar()
r.set(2)
```

```
b=tkinter.IntVar()
b.set(2)
g=tkinter.IntVar()
g.set(2)
##创建复选框
checkRed=tkinter.Checkbutton(root,variable=r,onvalue=1,
                        offvalue=2,text="红色")
checkRed.place(x=70,y=40)
checkBlue=tkinter.Checkbutton(root,variable=b,onvalue=1,
                        offvalue=2,text="蓝色")
checkBlue.place(x=70,y=80)
checkGreen=tkinter.Checkbutton(root,variable=g,onvalue=1,
                        offvalue=2,text="绿色")
checkGreen.place(x=70,y=120)
##创建按钮
button=tkinter.Button(root,text="确定",command=btnButtonClick)
button.place(x=70,y=160)
##root.mainloop()
```

运行效果如图 10-11 所示。

图 10-11　运行效果

10.2.7　菜单组件

菜单组件 Menu 可以创建顶级菜单、下拉菜单以及快捷菜单。菜单创建的基本方法如下：

```
menu=tkinter.Menu(master,parameter=values)
```

其中，master 表示 menu 组件的父容器；parameter 为参数。

菜单组件的主要方法见表 10-13。

表 10-13　Menu 组件的主要方法

方　法	功 能 说 明
add_command(parameters)	添加一个普通的命令菜单，parameters 可以为如下参数：label—指定菜单项的文本；command—菜单命令函数
add_cascade(parameters)	添加一个下拉菜单，parameters 可以为如下参数：label—指定菜单文本；menu—指定下级菜单
add_separator()	添加分隔符

此外，还有在菜单中添加复选框和单选按钮等方法。

【例 10-11】　顶级菜单的创建案例。

代码及运行效果如下：

```python
import tkinter
root=tkinter.Tk()
root.geometry("300x200")
##创建主菜单
mainMenu=tkinter.Menu(root)
##单击菜单后执行的相应操作
def studentInformatEnter():
    print("你单击了学生信息管理")
def studentInformationEdit():
    print("你单击了课程信息管理")
mainMenu.add_command(label="学生信息管理",command=studentInformatEnter)
mainMenu.add_command(label="课程信息管理",command=studentInformationEdit)
##将主菜单显示在窗口
root["menu"]=mainMenu
root.mainloop()
```

运行效果如图 10-12 所示。

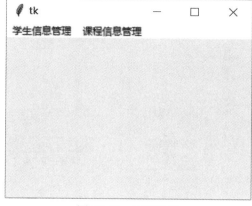

图 10-12　运行效果

【例 10-12】　下拉菜单的创建。

代码及运行效果如下：

```python
import tkinter
root=tkinter.Tk()
root.geometry("600x300")
##创建主菜单
mainMenu=tkinter.Menu(root)
##单击菜单后执行的相应操作
def studentInformatEnter():
    print("你单击了学生信息录入")
def studentInformationEdit():
    print("你单击了学生信息编辑")
def courseInformationEnter():
    print("你单击了课程信息录入")
def courseInformationEdit():
    print("你单击了课程信息编辑")
fileMenu=tkinter.Menu(mainMenu) ##创建子菜单
fileMenu.add_command(label="学生信息录入",command=studentInformatEnter)
fileMenu.add_command(label="学生信息修改",command=studentInformationEdit)
mainMenu.add_cascade(label="学生信息管理",menu=fileMenu)##设置为下拉菜单
##课程信息管理菜单
fileMenu=tkinter.Menu(mainMenu)
fileMenu.add_command(label="课程信息录入",command=courseInformationEnter)
fileMenu.add_command(label="课程信息修改",command=courseInformationEdit)
mainMenu.add_cascade(label="课程信息管理",menu=fileMenu)
##将主菜单显示在窗口
root["menu"]=mainMenu
root.mainloop()
```

运行效果如图 10-13 所示。

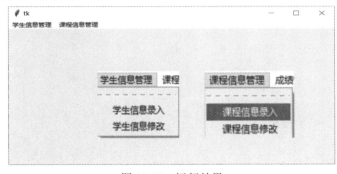

图 10-13　运行效果

10.2.8　消息窗口

消息窗口 messagebox 用于弹出窗口，向用户进行告警，或者选择下一步进行的操作。消息窗口有如下窗口类型：Info、Warning、Error、Question、YesNo、OkCancel、RetryCancel。

【例 10-13】　消息窗口组件使用案例。

代码及运行效果如下：

```python
import tkinter
from tkinter import messagebox as msgbox
lst=["Info","Error","Warning","Question","OkCancle","YesNo","Retry"]
##单击单选按钮后弹出不同的窗口
def radioClick():
    if r.get()==0:
        msgbox.showinfo("Info","Info 窗口")
    if r.get()==1:
        msgbox.showerror("Error","Error 窗口")
    if r.get()==2:
        msgbox.showwarning("Waring","Waring 窗口")
    if r.get()==3:
        msgbox.askquestion("Question","Question 窗口")
    if r.get()==4:
        msgbox.askokcancel("OkCancel","OkCancel 窗口")
    if r.get()==5:
        msgbox.askyesno("YesNo","YesNo 窗口")
    if r.get()==6:
        msgbox.askretrycancel("Retry","RetryCancel 窗口")
root=tkinter.Tk()
r=tkinter.IntVar()
##创建单选按钮
for i in range(len(lst)):
    radio=tkinter.Radiobutton(root,variable=r,value=i,
                        text=lst[i],command=radioClick)
    radio.place(x=70,y=10+i*25)
radio.selection_clear()
root.mainloop()
```

运行效果如图 10-14 所示。

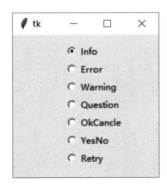  

图 10-14　运行效果

10.2.9　Canvas 组件

Canvas 组件可以在界面上绘制图形、文本，创建图形编辑器。Canvas 组件的创建方法如下：

```
canvas=tkinter.Canvas(master,parameter=values)
```

其中，master 表示 Canvas 组件的父容器，parameter 为参数。Canvas 组件的主要参数见表 10-14，主要绘制图形方法见表 10-15。

表 10-14　Canvas 组件的主要参数

属　　性	功　能　说　明
width	表示宽度
height	表示高度
bg	表示背景色

表 10-15　Canvas 组件的主要绘制图形方法

方　　法	功　能　说　明
create_oval((x1,y1,x2,y2), parameters)	绘制圆形或者椭圆形。第一个参数为包裹圆形或椭圆形的外面矩形的左上角坐标和右下角坐标。parameters 有如下选项：outline 指定边框的颜色；width 指定边框的宽度；fill 指定填充颜色
create_rectangle((x1,y1,x2, y2),parameters)	绘制矩形。第一个参数为矩形的左上角坐标和右下角坐标。parameters 有如下选项：outline 指定边框的颜色；width 指定边框的宽度；fill 指定填充颜色；dash 指定边框为虚线
create_text(x1,y1,parameters)	绘制文字。x1 和 y1 为文本的 x 坐标和 y 坐标。parameters 有如下选项：text 指定文本内容；fill 指定文字颜色
create_arc((x1,y1,x2,y2), parameters)	绘制圆弧。第一个参数为包裹圆弧的矩形的左上角坐标和右下角坐标。parameters 有如下选项：outline 指定圆弧边框的颜色；width 指定边框的宽度；fill 指定填充颜色；start 指定起始角度；extent 指定偏移角度

续表

方　法	功　能　说　明
create_line(x1,y1,x2,y2,x3,y3,…,parameters)	x1，y1，x2，y2，x3，y3，…为线段的端点坐标。parameters 有如下选项：width 表示指定线段的宽度；fill 指定线段颜色；arrow 指定是否有箭头，没有箭头为 none，起点有箭头为 first,终点有箭头为 last,两端有箭头为 both；dash 指定是否为虚线
create_polygon(x1,y1,x2,y2,x3,y3,…,parameters)	x1，y1，x2，y2，x3，y3，…为顶点坐标。parameters 有如下选项：width 指定边框的宽度；fill 指定填充颜色；outline 指定边框的颜色；smooth 指定多边形的平滑程度，0 表示边是折线，1 表示边是平滑曲线

【例 10-14】 Canvas 组件使用案例。

代码及运行效果如下：

```python
import tkinter
root=tkinter.Tk()
canvas=tkinter.Canvas(root)
canvas.pack()
##绘制左边的 python
canvas.create_oval((20,60,120,160),fill="yellow")
canvas.create_rectangle((20,60,120,160),outline="black",dash=7)
canvas.create_text(70,110,text="Python",fill="green")
##绘制右边的 python
##canvas.create_arc((20,60,120,160),start=0,extent=180)
canvas.create_arc((200,80,350,190),start=20,extent=140,fill="yellow")
canvas.create_line(250,110,300,110,arrow="none")
canvas.create_text(275,100,text="Python",fill="green")
root.mainloop()
```

运行后效果如图 10-15 所示。

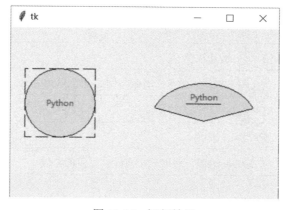

图 10-15　运行效果

10.3　Python 事件处理

事件就是程序所发生的事。事件包括事件序列、事件绑定和事件处理函数。例如，下面的代码实现了 Entry 文本输入框中敲回车时，输出文本框的内容。

```
def entryFunc1(event):
    print(entryUsername.get())
entryUsername=tkinter.Entry(root,fg="green",width=35,font=("宋体",16))
entryUsername.pack()
entryUsername.bind("<Return>",entryFunc1)
```

其中，"<Return>" 为事件序列；entryFunc1 为事件处理函数，执行输出文本框内容的操作；组件的 bind()方法将事件序列和事件处理函数绑定，也就是单击回车后，能自动调用 entryFunc1 函数。

10.3.1　事件序列

事件序列是一个字符串，其语法格式如下：

```
<modifier-type-detail>
```

其中，modifier 为组合键；type 为事件类型，如键盘事件、鼠标事件或者窗体事件；detail 为具体的键盘按键或者鼠标按钮。例如，"<Ctrl-KeyPress-H>"表示按下 Ctrl+H 键，"<Button-1>"表示按下鼠标左键。

modifier 组合键见表 10-16。

表 10-16　modifier 组合键

组合键	说　　明
Alt	按下 Alt 按键
Any	按下任何类型的按键
Control	按下 Control 按键
Double	连续两个事件被触发的时候，例如<Double-Button-1>表示双击鼠标左键
Lock	打开大写字母锁定键(CapsLock)
Shift	按下 Shift 按键
Triple	与 Double 类似，连续三个事件被触发的时候

Type 包含键盘事件、鼠标事件和窗体事件，见表 10-17。

表 10-17 Type 事件类型

事件类型	说　明
KeyPress	当按下键盘按键时触发该事件
KeyRelease	当释放键盘按键时触发该事件
Button	当单击鼠标按钮时触发该事件，detail 指明具体哪个按钮：<Button-1>表示鼠标左键；<Button-2>表示鼠标中键；<Button-3>表示鼠标右键；<Button-4>表示滚轮上滚(Linux)；<Button-5>表示滚轮下滚(Linux)
ButtonRelease	当释放鼠标按钮时触发该事件
Activate	当组件状态从"未激活"变为"激活"的时候触发该事件
Deactivate	当组件状态从"激活"变为"未激活"的时候触发该事件
Configure	当组件尺寸发生改变的时候触发该事件
Destroy	当组件被销毁时触发该事件
Enter	当鼠标指针进入组件的时候触发该事件
Leave	当鼠标指针离开组件的时候触发该事件
Expose	当窗口或组件的某部分不再被覆盖的时候触发该事件
FocusIn	当组件获得焦点时触发该事件
FocusOut	当组件失去焦点时触发该事件
Map	当组件被映射的时候触发该事件
Unmap	当组件被取消映射的时候触发该事件
Motion	当鼠标在组件内移动的整个过程均触发该事件
MouseWheel	当鼠标滚轮滚动的时候触发该事件，该事件仅支持 windows 和 mac 系统
Visibility	当应用程序至少有一部分在屏幕中可见的时候触发该事件

10.3.2 事件绑定

事件绑定有多种方法，可以在创建组件的时候绑定，也可以用组件的 bind()方法，也就是实例绑定。另外还有类绑定、程序界面绑定及标识绑定。

下面主要介绍创建组件时绑定及实例绑定。

1. 创建组件时绑定

创建组件实例时，在参数中指定 command 为某个事件处理函数，即进行了绑定。例如下面代码中，在创建按钮的时候，用参数 command 指定了 btnButtonClick()函数，即进行了绑定。

```
def btnButtonClick():
    print("你单击了确定按钮！")
```

```
button=tkinter.Button(root,fg="green",text="确定",command=btnButtonClick)
button.pack()
```

2. 实例绑定

实例绑定用到组件的 bind()方法，其语法格式如下：

```
组件实例.bind(sequence,func)
```

其中，sequence 是事件序列，func 为事件处理函数。

【例 10-15】 实例绑定案例。

代码及运行效果如下：

```
import tkinter
##定义事件处理函数
def entryFunc1(event):
    print(entryUsername.get())
def entryFunc2(event):
    print("enter")
def entryFunc3(event):
    print("leave")
def entryFunc4(event):
    print("focus in")
 ##创建窗口对象
root=tkinter.Tk()
#创建单行文本框
entryUsername=tkinter.Entry(root,fg="green",width=35,font=("宋体",16))
entryUsername.pack()
##实例绑定
entryUsername.bind("<Return>",entryFunc1)##单击回车时输出文本框的内容
entryUsername.bind("<Enter>",entryFunc2)##鼠标移到文本框时输出"enter"
entryUsername.bind("<Leave>",entryFunc3)##鼠标移出文本框时输出"leave"
entryUsername.bind("<FocusIn>",entryFunc4)##文本框得到焦点后输出"focus in"
root.mainloop()
```

运行效果如图 10-16 所示。

图 10-16　运行效果

当在文本框中输入 123 敲回车后鼠标移开文本框，这时输出结果如下：

```
enter
focus in
123
leave
```

这是因为当要输入 123 时，首先鼠标会移到文本框上，此时触发 Enter 事件，自动调用 entryFunc2()函数；然后单击文本框，准备输入文字，此时焦点进入文本框，会触发 FocusIn 事件，此时自动调用 entryFunc4()函数；接下来输入 123 后敲回车，此时触发键盘事件，自动调用 entryFun1()函数；最后鼠标移开文本框，则触发 Leave 事件，自动调用 entryFunc3() 函数。

10.3.3　事件处理函数

事件处理函数用于定义事件响应后执行的操作。事件处理函数的定义如下：

```
def 事件处理函数名称(event):
    具体的操作
```

这里的参数 event 可以获取各种相关参数，如鼠标的相对坐标，按键的键码值，事件类型等，具体说明见表 10-18。

表 10-18　event 事件对象的主要参数属性

参　　数	说　　　明
.x,.y	鼠标相对组件左上角的坐标
.x_root,.y_root	鼠标相对屏幕左上角的坐标
.keysym	键盘按键的字符串命名，如 Escape，F1，…，F12，Right，Left，Down，Up，Home，Insert，Delete 等
.keysym_num	键盘按键的数字代码
.keycode	键码
.time	时间
.type	事件类型
.widget	触发事件的对应组件
.char	字符

【例 10-16】　event 事件对象案例。
代码及运行效果如下：

```
import tkinter
##定义事件处理函数
def entryFunc1(event):
    print("相对组件左上角坐标",event.x,event.y)
```

```
        print("相对屏幕左上角坐标",event.x_root,event.y_root)
def entryFunc2(event):
        print("按键的字符串命名:",event.keysym)
        print("按键的键码:",event.keycode)
 ##创建窗口对象
root=tkinter.Tk()
#创建单行文本框
entryUsername=tkinter.Entry(root,fg="green",width=35,font=("宋体",16))
entryUsername.pack()
##实例绑定
entryUsername.bind("<Enter>",entryFunc1)
entryUsername.bind("<KeyPress>",entryFunc2)
root.mainloop()
```

运行效果如图 10-17 所示。

图 10-17　运行效果

将鼠标移到文本框内，此时会输出鼠标相对于文本框及屏幕左上角的坐标值，结果如下：

```
相对组件左上角坐标 16 24
相对屏幕左上角坐标 141 133
```

当按下 Insert 键和 Home 键时，会输出如下结果：

```
按键的字符串命名: Insert
按键的键码: 45
按键的字符串命名: Home
按键的键码: 36
```

10.4　应用实例：学生成绩的处理

下面用 Tkinter 库实现学生成绩的处理，查找和计算出学生各门成绩的最高分、最低分及平均分，实现对学生总成绩的排名。

主界面如图 10-18 所示。主界面中有主菜单及下拉菜单。学生信息管理包含学生信息录入和学生信息修改，课程信息管理包含课程信息录入和课程信息修改，成绩管理包含成绩录入和成绩信息修改，统计包含统计分值及排名。学生信息录入和学生信息修改、课程信息录入和课程信息修改、成绩录入和成绩信息修改这些功能，读者可以自行增加。

图 10-18　主界面

课程统计界面如图 10-19 所示。

课程统计情况			
	数据结构	操作系统	数据库原理
最高分	60	60	63
最低分	85	94	92
平均分	72.9	77.7	82.6

图 10-19　课程统计界面

排名情况如图 10-20 所示。

总分排名情况			
学号	姓名	总分	名次
1820410101	张九林	255	1
1820410103	贾祷	252	2
1820410102	高师	250	3
1820410108	白据懿	243	4
1820410106	宋之雯	242	5
1820410109	杜目	231	6
1820410105	孟浩燃	230	7
1820410104	杜府	221	8
1820410110	李动	206	9
1820410107	王伟	202	10

图 10-20　排名情况

代码如下：

```python
import tkinter
from tkinter import ttk
import sqlite3
##计算总分并排名
def rank():
    top1=tkinter.Toplevel(root)
    label=tkinter.Label(top1,text="总分排名情况",font=("宋体",16))
    label.pack()
    dataTreeview=ttk.Treeview(top1,show="headings",column=("学号","姓名",
"总分","名次"))
    dataTreeview.column("学号",width=100,anchor="center")
    dataTreeview.column("姓名",width=100,anchor="center")
    dataTreeview.column("总分",width=100,anchor="center")
    dataTreeview.column("名次",width=100,anchor="center")
    dataTreeview.heading("学号",text="学号")
    dataTreeview.heading("姓名",text="姓名")
    dataTreeview.heading("总分",text="总分")
    dataTreeview.heading("名次",text="名次")
    dataTreeview.pack()
    cur.execute("select xs.学号,姓名,sum(成绩) from xs,kc,cj where xs.学号=cj.
学号 and kc.课程号=cj.课程号 group by xs.学号")
    lst = cur.fetchall()
    lst.sort(key=lambda x:x[2],reverse=True)
    i=0
    rank=1
    for item in lst:
        item+=(rank,)
        dataTreeview.insert("",i,values=item)
        i=i+1
        rank+=1
    top1.mainloop()
##统计最高分、最低分及平均分
def calcu():
    top2=tkinter.Toplevel(root)
    top2.geometry("500x150")
    labelMax=tkinter.Label (top2,text="课程统计情况",font=("微软雅黑",16))
```

```
labelMax.grid(row=0,column=0,columnspan=4)
##界面
labelMax=tkinter.Label (top2,text="最高分")
labelMax.grid(row=2,column=0)
labelMin=tkinter.Label (top2,text="最低分")
labelMin.grid(row=3,column=0)
labelAvg=tkinter.Label (top2,text="平均分")
labelAvg.grid(row=4,column=0)

labelkc1=tkinter.Label (top2,text="数据结构")
labelkc1.grid(row=1,column=1)
labelkc2=tkinter.Label (top2,text="操作系统")
labelkc2.grid(row=1,column=2)
labelkc3=tkinter.Label (top2,text="数据库原理")
labelkc3.grid(row=1,column=3)

labelMaxkc1=tkinter.Label(top2,width=20)
labelMaxkc1.grid(row=2,column=1)
labelMaxkc2=tkinter.Label(top2,width=20)
labelMaxkc2.grid(row=2,column=2)
labelMaxkc3=tkinter.Label(top2,width=20)
labelMaxkc3.grid(row=2,column=3)

labelMinkc1=tkinter.Label(top2,width=20)
labelMinkc1.grid(row=3,column=1)
labelMinkc2=tkinter.Label(top2,width=20)
labelMinkc2.grid(row=3,column=2)
labelMinkc3=tkinter.Label(top2,width=20)
labelMinkc3.grid(row=3,column=3)

labelAvgkc1=tkinter.Label(top2,width=20)
labelAvgkc1.grid(row=4,column=1)
labelAvgkc2=tkinter.Label(top2,width=20)
labelAvgkc2.grid(row=4,column=2)
labelAvgkc3=tkinter.Label(top2,width=20)
labelAvgkc3.grid(row=4,column=3)
##计算三门课程的最高分、最低分和平均分
cur.execute("select max(成绩),min(成绩),avg(成绩) from kc,cj where kc.
```

```
课程号=cj.课程号 and kc.课程名='数据结构'")
    kcScore=[]
    for row in cur:
        kcScore.append(row)
        print(row)
    labelMinkc1["text"]=str(kcScore[0][0])
    labelMaxkc1["text"]=str(kcScore[0][1])
    labelAvgkc1["text"]=str(kcScore[0][2])

    cur.execute("select max(成绩),min(成绩),avg(成绩) from kc,cj where kc.
课程号=cj.课程号 and kc.课程名='操作系统'")
    kcScore.clear()
    for row in cur:
        kcScore.append(row)
    labelMinkc2["text"]=str(kcScore[0][0])
    labelMaxkc2["text"]=str(kcScore[0][1])
    labelAvgkc2["text"]=str(kcScore[0][2])

    cur.execute("select max(成绩),min(成绩),avg(成绩) from kc,cj where kc.
课程号=cj.课程号 and kc.课程名='数据库原理'")
    kcScore.clear()
    for row in cur:
        kcScore.append(row)
    labelMinkc3["text"]=str(kcScore[0][0])
    labelMaxkc3["text"]=str(kcScore[0][1])
    labelAvgkc3["text"]=str(kcScore[0][2])

    top2.mainloop()

##主程序
root=tkinter.Tk()
root.geometry("600x300")
mainMenu=tkinter.Menu(root)
con = sqlite3.connect("e:\\python 教材编写\\第 10 章案例\\xsgl.db")
cur = con.cursor()
##学生信息管理菜单
Menu1=tkinter.Menu(mainMenu)
Menu1.add_command(label="学生信息录入")
```

```
Menu1.add_command(label="学生信息修改")
mainMenu.add_cascade(label="学生信息管理",menu=Menu1)
##课程信息管理菜单
Menu2=tkinter.Menu(mainMenu)
Menu2.add_command(label="课程信息录入")
Menu2.add_command(label="课程信息修改")
mainMenu.add_cascade(label="课程信息管理",menu=Menu2)
##成绩管理菜单
Menu3=tkinter.Menu(mainMenu)
Menu3.add_command(label="成绩录入")
Menu3.add_command(label="成绩修改")
mainMenu.add_cascade(label="成绩管理",menu=Menu3)
##统计
Menu4=tkinter.Menu(mainMenu)
Menu4.add_command(label="统计",command=calcu)
Menu4.add_command(label="排名",command=rank)
mainMenu.add_cascade(label="统计",menu=Menu4)

root["menu"]=mainMenu
root.mainloop()
cur.close()
con.close()
```

本 章 小 结

本章主要介绍了 Tkinter 库的使用方法，包括窗口和各种常用组件的创建，以及事件处理，最后设计了学生成绩管理系统界面，使用各种组件实现了学生成绩统计及学生总分排名的功能。

习　　题

1. 参照例 10-1，创建窗口。
2. 参照例 10-2，创建 pack 布局程序。
3. 参照例 10-3，创建 grid 布局程序。
4. 参照例 10-4，创建 place 布局程序。

5. 参照例 10-5，创建标签实现学生信息系统进入界面。

6. 参照例 10-6，创建按钮实现学生信息系统进入界面。

7. 参照例 10-7，创建学生信息录入界面。

8. 参照例 10-8，创建学生信息移动界面。

9. 参照例 10-9，创建颜色选择界面。

10. 参照例 10-10，创建最爱颜色选择界面。

11. 参照例 10-11，创建顶级菜单界面。

12. 参照例 10-12，创建下拉菜单。

13. 参照例 10-13，创建消息窗口。

14. 参照例 10-14，利用 Canvas 组件实现画图。

15. 参照例 10-15，实现实例绑定。

16. 参照例 10-16 编写程序，理解 event 事件对象。

提　高　篇

第 11 章　数 据 处 理

11.1　数据处理概述

Python 的数据结构中有列表 list、元组 tuple、字典 dict 和集合 set，但是这些数据类型大都不适合用于处理多维度数据，相应的数据处理函数也不够丰富，并不适合大量数据的计算处理任务，这时候 NumPy 应运而生，它弥补了 Python 数据结构中不能处理大型数据结构的缺陷。目前，NumPy 开放源代码并且由许多协作者共同维护开发。

NumPy 库提供了多维数组对象及各种派生对象，还提供了用于数组快速操作的各种函数，包括数学、逻辑、形状操作、排序、选择、输入/输出、离散傅里叶变换、基本线性代数、基本统计运算和随机模拟等。在数据处理领域，NumPy 已经是 Python 最重要的基础库之一，是整个 Python 科学计算的基础。

在数据处理领域，以直观的方式对数据集及处理结果进行展示是必要的阶段，这就是数据可视化。可视化的最基本要求是图形化。Python 数据处理领域中最便捷的图形化方法就是使用 Matplotlib 库。Matplotlib 是 Python 编程领域应用最多的 2D 图形绘图库，它以跨平台的交互式环境生成出版质量级别的图形。通过 Matplotlib 库，开发者仅用几行代码便可以生成线图、直方图、柱状图、散点图、饼图等。

本章将介绍用于数据组织运算的 NumPy 库和用于数据图形化展示的 Matplotlib 库的子库 Pyplot。NumPy 和 Matplotlib 库都可以使用 pip 工具来安装：

```
pip install numpy
pip install matplotlib
```

11.2　NumPy 库基础及应用

进行 Python 编程时，NumPy 库的引用方式如下：

```
import numpy as np
```

将 NumPy 引入并取别名为 np 有助于提高 Python 代码的可读性，在后续的代码编写过程中，np 将代替 NumPy。

11.2.1　数组的使用

NumPy 最重要的一个特点是它具有 N 维数组对象 ndarray。ndarray 是一系列同类型数据的集合，是以 0 下标开始进行集合中元素的索引。ndarray 对象是用于存放同类型元素的多维数组。ndarray 中的每个元素在内存中都有相同存储大小的区域。

创建一个 ndarray 只需调用 NumPy 的 array 函数即可：

```
numpy.array(object, dtype = None, ndmin = 0)
```

其中：object 为数组或嵌套的数列，dtype 为数组元素的数据类型(该参数可选)，ndmin 为指定生成数组的最小维度。

示例代码如下：

```
>>> import numpy as np
>>> a = np.array([1, 2, 3], dtype = float)
>>> a  #a 为 numpy 的 array 类型，且基础数据类型为 float
array([1., 2., 3.])
```

在创建数组时，如果不指定 dtype 参数，NumPy 会根据 object 自动判断基础数据类型。NumPy 支持的基础数据类型比 Python 内置的类型要多很多。表 11-1 列举了几种常见的 NumPy 基础数据类型，更详细的关于 NumPy 的数据类型请参看官方文档。

表 11-1　常用的 NumPy 基础数据类型

名　　称	描　　述
bool_	布尔型数据类型(True 或者 False)
int32	整数(−2 147 483 648～2 147 483 647)
uint32	无符号整数(0～4 294 967 295)
float32	单精度浮点数，包括 1 个符号位、8 个指数位、23 个尾数位
complex128	复数，表示双 64 位浮点数(包括实数部分和虚数部分)

可以通过 ndarray 对象的 dtype 属性查看 ndarray 的基础数据类型，通过 astype()函数进行基础数据类型的转换。

示例代码如下：

```
>>> arr= np.array(['1.2','2.3','3.2141'], dtype=np.string_)
>>> arr.dtype
dtype('S6')
>>> arr1= arr.astype(float) #将字符串类型转换为 float
>>> arr1.dtype
dtype('float64')
```

除上述创建 ndarray 数组的方法，NumPy 还提供了表 11-2 所示的函数，可用于创建数组。

表 11-2　常用的数组创建函数

函　数	参　数　说　明
np.zeros (shape, dtype = float)	生成一个形状为 shape、数据全为 0 的数组，数组的类型为 dtype(参数可选)
np. ones(shape, dtype = float)	生成一个形状为 shape、数据全为 1 的数组，数组的类型为 dtype(参数可选)
np.empty(shape, dtype = float)	生成一个形状为 shape 的空数组，数组的类型为 dtype(参数可选)
np. asarray(a, dtype = None)	根据已有的数组 a 创建数组，类型可选
np.arange(start,stop,step, dtype)	根据 start 与 stop 指定的范围以及 step 设定的步长，生成一个 ndarray。start 为起始值，默认为 0；stop 为终止值(数组中不包含该值)；step 为步长，默认为 1
np.linspace(start, stop, num=50, dtype=None)	创建一个包含 num 个数值的一维数组，数组由一个等差数列构成，起始值为 start，终止值为 stop(默认包含)

除使用上述数组创建函数之外，还可以使用 np.random 子库的函数创建随机数数组，见表 11-3。

表 11-3　常用的随机数数组创建函数

函　数	描　述
rand(d0, d1, …, dn)	根据给定维度生成[0,1]之间均匀分布的随机数组
randn(d0, d1, …, dn)	根据给定维度生成[0,1]之间标准正态分布的随机数组
randint(low[, high, size, dtype])	返回随机整数数组，范围区间为[low,high)
choice(arr[, size, replace, p])	从给定的数组 arr 中取数并生成随机数组
normal([loc, scale, size])	返回正态(高斯)分布数组，均值为 loc，标准差为 scale
shuffle(arr)	对数组 arr 的各元素进行随机排列，直接改变 arr 自身内容

对于 ndarray 对象，可以查看并使用其各个属性。表 11-4 展示了 ndarray 对象的常用属性。

表 11-4　ndarray 对象的常用属性

属　性	描　述
ndarray.ndim	秩，即轴的数量或维度的数量
ndarray.shape	数组的维度，对于矩阵，为 n 行 m 列
ndarray.size	数组元素的总个数，相当于.shape 中 n*m 的值
ndarray.dtype	ndarray 对象的元素类型
ndarray.itemsize	ndarray 对象中每个元素的大小，以字节为单位
ndarray.data	包含实际数组元素的缓冲区。由于一般通过数组的索引获取元素，所以通常不需要使用这个属性

生成 ndarray 对象并调用其属性的使用实例如下：

```
>>> import numpy as np
```

```
>>> a = np.arange(15).reshape(3, 5)
>>> a
array([[ 0,  1,  2,  3,  4],
       [ 5,  6,  7,  8,  9],
       [10, 11, 12, 13, 14]])
>>> a.shape
(3, 5)
>>> a.ndim
2
>>> a.dtype.name
'int64'
>>> a.itemsize
8
>>> a.size
15
```

11.2.2　数组的索引

ndarray 对象的内容可以通过索引或切片来访问和修改。与 Python 中 list 的切片操作类似，ndarray 数组可以基于 0～n 的下标进行索引，并设置 start、stop 及 step 参数，从原数组中切割出一个新数组。

一维数组的索引及切片的操作与 Python 列表功能差不多，其格式如下：

数组名[start:end:step]

示例代码如下：

```
>>> import numpy as np
>>> a = np.arange(10)
>>> b = a[2:7:2]     # 从索引 2 开始到索引 7 停止，间隔为 2
>>> b
array([2, 4, 6])
```

需要注意的是，数组切片是原始数组的视图，数据并不会被复制，即视图上的任何修改都会直接反映到原数组上。上例中的变量 b 被修改后，变量 a 的内容也会被修改。

多维数组的索引及切片的操作与一维数组的类似。以二维数组为例，数组名[i][j]或数组名[i,j]，i 表示行索引，j 表示列索引，可以索引到元素，行和列的索引均从 0 开始。一般的数组索引格式如下：

数组名[i:j,m:n]

示例代码如下：

```
>>> arr2d=np.reshape(np.arange(16),(4,4))
>>> arr2d
```

```
array([[ 0,  1,  2,  3],
       [ 4,  5,  6,  7],
       [ 8,  9, 10, 11],
       [12, 13, 14, 15]])
>>> arr2d_1 = arr2d[1:3,2:3]
>>> arr2d_1
array([[ 6],
       [10]])
>>> arr2d_2 = arr2d[:,1:3]    #切片 arr2d 的所有数据行的 1 到 3 列(不包括 3)
>>> arr2d_2
array([[ 1,  2],
       [ 5,  6],
       [ 9, 10],
       [13, 14]])
```

NumPy 数组除了使用整数进行切片索引外,还可以使用整数数组、布尔数组进行索引。示例代码如下:

```
>>> arr2d=np.reshape(np.arange(16),(4,4))
>>> arr2d_3 = arr2d[[0,2],:]    #获取 arr2d 的第 0 行和第 2 行的所有列
>>> arr2d_3
array([[ 0,  1,  2,  3],
       [ 8,  9, 10, 11]])
>>> arr2d>5
array([[False, False, False, False],
       [False, False,  True,  True],
       [ True,  True,  True,  True],
       [ True,  True,  True,  True]])
>>> arr2d_4 = arr2d[arr2d>5]    #获取 arr2d 中所有大于 5 的元素
>>> arr2d_4
array([ 6,  7,  8,  9, 10, 11, 12, 13, 14, 15])
```

11.2.3　数组的运算

NumPy 是 Python 进行数据处理中最重要的基础库之一。NumPy 的 ndarray 支持数组间的算术运算及逻辑运算,如果参与运算的两个数组形状相同,那么两个数组相加就是两个数组对应位置的元素分别相加。其他运算类型具有与相加运算相同的特点。

示例代码如下:

```
>>> arr1 = np.arange(0,10).reshape(2,5)
>>> arr1
array([[0, 1, 2, 3, 4],
```

```
        [5, 6, 7, 8, 9]])
>>> arr2 = np.ones((2,5),dtype=int)
>>> arr2
array([[1, 1, 1, 1, 1],
       [1, 1, 1, 1, 1]])
>>> arr1 + arr2    #两个数组的形状相同，都是 2 行 5 列
array([[ 1,  2,  3,  4,  5],
       [ 6,  7,  8,  9, 10]])
>>> arr1>arr2    #两个数组进行逻辑比较运算
array([[False, False,  True,  True,  True],
       [ True,  True,  True,  True,  True]])
```

如果形状不同的两个数组相互进行算术或逻辑运算，NumPy 如何进行处理呢？这里需要介绍广播机制(broadcasting)。通过广播机制，NumPy 可实现不同形状(shape 属性)的数组之间元素级别的数值计算。

示例代码如下：

```
A = np.zeros((2,5,3,4))
B = np.zeros((3,4))
print((A+B).shape) # 输出 (2, 5, 3, 4)

a = np.array([[ 0, 0, 0], [10,10,10], [20,20,20], [30,30,30]])
b = np.array([1,2,3])
print((A1+B1).shape) # 输出(4,3)
```

上例中，数组 A.shape 和 B.shape 是不同的，a.shape 和 b.shape 也是不同的，但运算都可以正常进行，并且输出结果的形状(shape)与高维数组相同。图 11-1 展示了数组 b 如何通过广播与数组 a 兼容，4×3 的二维数组与长为 3 的一维数组相加，等效于把数组 b 在二维上重复 4 次再运算。

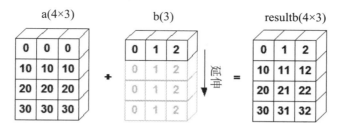

图 11-1   ndarray 对象通过广播机制进行元素级运算

广播是指 NumPy 在算术运算期间处理不同形状的数组的能力。数组的算术运算通常在相应的元素上进行。如果两个阵列具有完全相同的形状，则这些操作会被无缝执行。如果两个数组的维数不相同，而在 NumPy 中可以对形状不相似的数组进行操作，则较小的数组会广播到较大数组的大小，使它们的形状可兼容。

广播的规则如下:

(1) 让所有输入数组都向其中形状最长的数组看齐,维度不足的数组都通过在前面加 1 补齐。例如图 11-1 中,a 是二维数组,a.shape 是(4,3),b 是一维数组,b.shape 是(3),在 b.shape 的前面补 1,b.shape 调整为(1,3),通过调整,a 和 b 的维度就都转变为二维数组。

(2) 输出数组的形状是输入数组形状的各个维度上的最大值。

(3) 如果输入数组的某个维度和输出数组的对应维度的长度相同或者其长度为 1,则这个数组能够用来计算,否则会出错。例如,a.shape 是(4,3),假如 b.shape 为(2,3),则 a 与 b 是不能进行运算的。

(4) 若输入数组的某个维度的长度为 1,沿着此维度运算时都用此维度上的第一组值。

若广播条件不满足,则 Python 会显示"ValueError: frames are not aligned"异常。

11.2.4　数据处理函数

1. 形状修改函数

ndarray 的形状修改函数见表 11-5。

表 11-5　ndarray 的形状修改函数

函　　数	描　　述
arr.reshape(newshape,order='C')	将 arr 数组修改为新形状 newshape。newshape: 整数或者整数数组,新的形状应当兼容原有形状。order: 'C'表示按行, 'F'表示按列, 'A'表示原顺序
arr.flatten(order='C')	展平并返回一个一维数组的拷贝,对拷贝所做的修改不会影响原始数组
arr.ravel(order='C')	展平并返回一个一维数组视图,对返回数组进行修改会影响原始数组
arr.T	对换数组的维度及转置操作
arr.swapaxes(axis1,axis2)	对换数组的两个轴
arr.expand_dims(axis)	在指定位置 axis 处插入新的轴来扩展数组形状
arr. squeeze (axis)	从给定数组的形状中删除一维的条目
np.concatenate((a1, a2,…), axis)	用于沿指定轴 axis 处连接相同形状的两个或多个数组。其中,a1, a2, …为相同类型的数组
np.stack(arrays)	将若干个数组 arrays 通过水平堆叠来生成一个新的数组,例如 [arr1,arr2]
np.vtack(arrays)	将若干个数组 arrays 通过垂直堆叠来生成一个新的数组,例如 [arr1,arr2]
arr.split(indices_or_sections,axis)	将数组 arr 沿特定的轴将数组分割为子数组。indices_or_sections: 如果是一个整数,就用该数平均切分,如果是一个数组,则为沿轴切分的位置(左开右闭)。axis: 设置沿着哪个方向进行切分,默认为 0,则横向切分,即水平方向。当为 1 时,则纵向切分,即竖直方向

2. 数组元素的添加与删除函数

ndarray 数据的增删函数见表 11-6。

表 11-6　ndarray 数据的增删函数

函　　数	元素及描述
np.append(arr,values, axis=None)	将值 values 添加到数组 arr 末尾，输入数组的维度必须匹配，否则将生成 ValueError
np.insert(arr,index,　values, axis)	函数在给定索引 index 之前，沿给定轴 axis 在输入数组 arr 中插入值 values。输入数组的维度必须匹配
np.delete(arr, obj, axis)	返回从输入数组 arr 中删除指定子数组的新数组，obj 为整数或者整数数组，表明要从输入数组中删除的子数组

3. NumPy 统计函数

NumPy 库的核心就是基于数组的运算，相比于列表和其他数据结构，数组的运算效率是最高的。NumPy 库中包含大量的数学运算函数(包括三角函数、算术运算函数、复数处理函数等)和数学统计函数，表 11-7 罗列了常用的数学统计函数。

表 11-7　NumPy 库常用的统计函数

函　　数	含　　义
np.sum(arr, axis=None)	根据给定轴 axis 计算数组 arr 相关元素之和，axis 为整数或元组
np.mean(arr, axis=None)	根据给定轴 axis 计算数组 arr 相关元素的期望，axis 为整数或元组
np.average(arr,axis=None, weights=None)	根据给定轴 axis 计算数组 arr 相关元素的加权平均值
np.std(arr, axis=None)	根据给定轴 axis 计算数组 arr 相关元素的标准差
np.var(arr, axis=None)	根据给定轴 axis 计算数组 arr 相关元素的方差
np.min(arr)/ np.max(arr)	计算数组 arr 中元素的最小值、最大值
np.argmin(arr)/ np.argmax(arr)	计算数组 arr 中元素的最小值、最大值的降一维后的下标
np.unravel_index(index, shape)	根据 shape 将一维下标 index 转换成多维下标
np.ptp(arr)	计算数组 arr 中元素的最大值与最小值的差
np.median(arr)	计算数组 arr 中元素的中位数(中值)
np.cumsum(arr,axis =None)	根据给定轴 axis 计算数组 arr 相关元素的累计和
np.cumprod(arr,axis =None)	根据给定轴 axis 计算数组 arr 相关元素的累计积

11.3　Matplotlib 基础及应用

11.3.1　Matplotlib 基础

Matplotlib 是一个非常强大的 Python 画图工具，它能让使用者轻松地将数据图形化，并且提供多样化的输出格式，可以用来绘制各种静态、动态、交互式的图表。Matplotlib 可以绘制线图、散点图、等高线图、条形图、柱状图、3D 图形、图形动画等。Matplotlib 通常与 NumPy 和 SciPy(Scientific Python)一起使用，这种组合是一个强大的科学计算环境，有助于我们通过 Python 学习数据科学或者机器学习。

Pyplot 是常用的绘图模块，能很方便地绘制 2D 图表。Pyplot 包含一系列绘制图形的相关函数，使用的时候通常使用 import 导入 Pyplot 库并设置一个别名 plt：

```
import matplotlib.pyplot as plt
```

在 Python 代码中，plt 将在程序代码中用于代替 matplotlib.pyplot。

首先通过一个简单的实例介绍 matplotlib.pyplot 包的基本用法，在这个实例中，我们通过两个坐标(0，0)到(6，100)来绘制一条线，运行代码如下：

```
import matplotlib.pyplot as plt
import numpy as np
xpoints = np.array([0, 6])
ypoints = np.array([0, 100])
plt.plot(xpoints, ypoints)
plt.show()
```

代码的执行结果如图 11-2 所示。

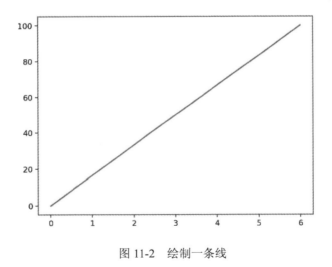

图 11-2　绘制一条线

以上实例中我们使用了 Pyplot 的 plot()函数，plot()函数是绘制二维图形的最基本函数，用于画图时它可以绘制点和线，语法格式如下：

```
plt.plot([x], y, [fmt], *, data=None, **kwargs)
```

参数说明：

(1) x, y：点或线的节点，x(可选)为 x 轴数据，y 为 y 轴数据，数据可以是列表或数组。

(2) fmt：可选，定义基本格式(如颜色、标记和线条样式)。

(3) **kwargs：可选，用在二维平面图上，设置指定属性，如标签，线的宽度等。指定属性中，可选字符组合见表 11-8。

表 11-8　可选字符组合

设置属性	可 选 字 符
颜色字符	'b' 蓝色，'m' 洋红色，'g' 绿色，'y' 黄色，'r' 红色，'k' 黑色，'w' 白色，'c' 青绿色，'#008000' RGB 颜色符串。多条曲线不指定颜色时，会自动选择不同颜色
线型字符	'-' 实线，'--' 破折线，'-.' 点画线，':' 虚线
标记字符	':' 点标记，',' 像素标记(极小点)，'o' 实心圈标记，'v' 倒三角标记，'^' 上三角标记，'>' 右三角标记，'<' 左三角标记…

例如：

```python
import matplotlib.pyplot as plt
import numpy as np

xpoints = np.array([2, 4, 6, 8])
ypoints = np.array([3, 7, 9, 10])
plt.plot(xpoints, ypoints , "b:o")
plt.show()
```

上述代码会绘制由点(2，3)、(4，7)、(6，9)、(8，10)连接而成的折线，kwargs 参数值 "b:o"中的"b"表示线条为蓝色，":"表示绘制虚线，"o"表示每个点用实心圆圈标记，代码的执行结果如图 11-3 所示。

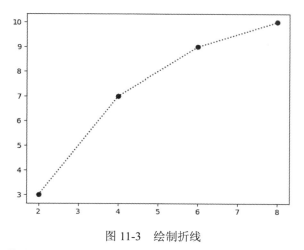

图 11-3　绘制折线

使用 plt.plot()函数绘制图形时，若 x 数据未提供，则图形折线点的 x 坐标会默认设置为[0，1，2，3，4，5，…]，此外，可以将多个折线绘制在同一个图形中。

示例代码如下：

```
import matplotlib.pyplot as plt
import numpy as np

y1 = np.array([3, 7, 5, 9])
y2 = np.array([6, 2, 13, 10])
plt.plot(y1) #未提供 x 数据
plt.plot(y2) #未提供 x 数据
plt.show()    #两条折线显示在一个图形中
```

代码的执行结果如图 11-4 所示。

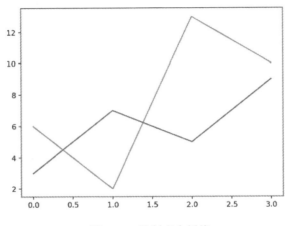

图 11-4　绘制多个折线

除了 plot()绘图函数外,利用 Matplotlib 绘制图形不可避免地会用到图形的读取、显示、保存等函数,详见表 11-9。

表 11-9　plt 库的图像读取、显示、保存函数

函　　数	描　　述
plt.show()	在绘图区显示图形
plt.savefig(fname)	将绘图区的图形保存为文件
plt.imshow(arr)	在绘图区将数组 arr 显示为图形
plt.imsave(arr)	将数组 arr 保存为图像文件
plt.imread(fname)	从图像文件 fname 中读取数组到变量中

11.3.2　Matplotlib 绘制多图

有时,并排比较不同的数据视图会对我们很有帮助。为此,Matplotlib 具有子图的概念,即可以在单个图形里一起存在若干较小的坐标轴。这些子图可能是插图、图形网格或其他更复杂的布局。可以使用 matplotlib.pyplot 中的 subplot() 和 subplots() 方法来绘制多个子图。

1. subplot 方法

使用 subplot 方法在图形的指定位置进行绘图，其函数格式如下：

```
subplot(nrows, ncols, index, **kwargs)
```

以上函数将整个绘图区域分成 nrows 行和 ncols 列，然后按照从左到右，从上到下的顺序对每个子区域进行编号 1，…，N，左上子区域的编号为 1，右下区域的编号为 N，编号可以通过参数 index 来设置。

示例代码如下：

```python
import matplotlib.pyplot as plt
import numpy as np

t=np.arange(0.0,2.0,0.1)
s=np.sin(t*np.pi)

ax1=plt.subplot(2,2,1) #生成两行两列，这是第一个图
ax1.plot(t,s,'b--')

ax2=plt.subplot(2,2,2) #两行两列,这是第二个图
ax2.plot(2*t,s,'r--')

ax3=plt.subplot(2,2,3)#两行两列,这是第三个图
ax3.plot(3*t,s,'m--')

ax4=plt.subplot(2,2,4)#两行两列,这是第四个图
ax4.plot(4*t,s,'k--')

plt.show()
```

代码执行结果如图 11-5 所示。

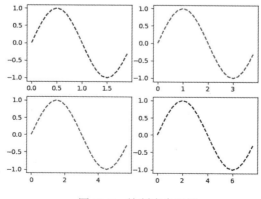

图 11-5　绘制多个子图

需要说明的是，上述代码第五行设置 nrows = 2，ncols = 2，就是将图表绘制成 2 × 2 的图片区域，index = 1，表示的坐标为(1，1)，即第一行第一列的子图；index = 2，表示的坐标为(1，2)，即第一行第二列的子图；index = 3，表示的坐标为(2，1)，即第二行第一列的子图，以此类推。

2. subplots()方法

subplots() 方法与 subplot()功能类似但有所区别，plt.subplots()方法在网格中每次创建单个子图，在创建大型子图网格时，刚才描述的方法会变得相当繁琐，plt.subplots()使用起来会更容易。该函数不是创建单个子图，而是在一行中创建完整的子图网格，并将它们返回到 NumPy 数组中。语法格式如下：

```
plt.subplots(nrows=1, ncols=1, *, sharex=False, sharey=False, squeeze=True,
**fig_kw)
```

参数说明：

(1) nrows：默认为 1，设置图表的行数。

(2) ncols：默认为 1，设置图表的列数。

(3) sharex、sharey：设置 x、y 轴是否共享属性，默认为 False，可设置为“none”“all”“row”或“col”。属性为 False 或 none 时每个子图的 x 轴或 y 轴都是独立的，属性为 True 或“all”时所有子图共享 x 轴或 y 轴，属性为“row”时设置每个子图行共享一个 x 轴或 y 轴，属性为“col”时设置每个子图列共享一个 x 轴或 y 轴。

(4) squeeze：布尔值，默认为 True，表示额外的维度从返回的 Axes(轴)对象中挤出，对于 N × 1 或 1 × N 个子图，返回一个一维数组，对于 N × M，N>1 和 M>1 返回一个二维数组。如果设置为 False，则不进行挤压操作，返回一个元素为 Axes 实例的二维数组，即使它最终是 1 × 1。

示例代码如下：

```
t=np.arange(0.0,2.0,0.1)
s=np.sin(t*np.pi)
fig,ax=plt.subplots(2,2)
ax[0][0].plot(t,s,'r*')
ax[0][1].plot(t*2,s,'b--')
plt.show()
```

从上述代码可以看到，subplots()函数返回两个对象 fig 和 ax，前者是 Matplotlib 的 Figure (画布)对象，后者是 Matplotlib 的 axes(绘图区)对象。Figure 对象可以用于设置图形画布的基本属性，增删 axes 对象等。axes 是 Matplotlib 定义各种绘图函数的主体，可以用于绘制各类图形。如果画布中只绘制一个图形，可以使用 plt.plot()的方式绘图；若一个画布中绘制多个图形，则在画布中使用 axes.plot()的方法进行绘制。

11.3.3　基本绘图类型

11.3.1 介绍了使用 plot()函数的基本绘图示例，本节将介绍 matplotlib.pyplot 的其他绘图类型，表 11-10 罗列了用于绘图的常用函数，后面将重点介绍散点图、直方图、分布图、饼图、等高线图等。

表 11-10　plt 库的基本绘图函数

函　　数	说　　明
plt.plot(x,y,fmt,···)	绘制一个坐标图
plt.boxplot(data,notch,position)	绘制一个箱形图
plt.bar(left,height,width,bottom)	绘制一个条形图
plt.barh(width,bottom,left,height)	绘制一个横向条形图
plt.polar(theta, r)	绘制极坐标图
plt.pie(data, explode)	绘制饼图
plt.psd(x,NFFT=256,pad_to,Fs)	绘制功率谱密度图
plt.specgram(x,NFFT=256,pad_to,F)	绘制谱图
plt.cohere(x,y,NFFT=256,Fs)	绘制 x - y 的相关性函数
plt.scatter(x,y)	绘制散点图，其中，x 和 y 长度相同
plt.step(x,y,where)	绘制步阶图
plt.hist(x,bins,normed)	绘制直方图
plt.contour(X,Y,Z,N)	绘制等值图
plt.clabel()	为等值线设置标签
plt.vlines()	绘制垂直图
plt.stem(x,y,linefmt,markerfmt)	绘制柴火图
plt.plot_date()	绘制数据日期

1. 散点图

散点图有两个特征，分别为横、纵坐标，利用坐标点(散点)反映特征间的统计关系。散点图通常用于比较跨类别的聚合数据。散点图将序列显示为一组点，值由点在图表中的位置表示，类别由图表中的不同标记表示。一般可使用 matplotlib.pyplot 的 scatter 函数绘制散点图。函数的语法格式如下：

```
plt.scatter(x, y, s=None, c=None, marker=None, cmap=None, norm=None, vmin=None,
vmax=None, alpha=None, linewidths=None, *, edgecolors=None, data=None, **kwargs)
```

plt.scatter 函数的参数见表 11-11。

表 11-11   plt.scatter 函数的参数介绍

参数名称	说　　明
x，y	接收 array，表示 x 轴和 y 轴对应的数据。无默认
s	接收数值或者一维的 array，指定点的大小。若传入一维 array，则表示每个点的大小。默认为 None
c	接收颜色或者一维的 array，指定点的颜色。若传入一维 array，则表示每个点的颜色。默认为 None
marker	接收特定 string，表示绘制的点的类型。默认为 None
alpha	接收 0～1 的小数，表示点的透明度。默认为 None

绘制散点图的示例代码如下：

```python
import matplotlib.pyplot as plt
import numpy as np
n = 1024    # data size
X = np.random.normal(0, 1, n)  # 每一个点的 X 值
Y = np.random.normal(0, 1, n)  # 每一个点的 Y 值
T = np.arctan2(Y,X)  #用于各个点的颜色

# 输入 X 和 Y 作为 location，size=35，颜色为 T，透明度 alpha 为 50%。
plt.scatter(X, Y, s=35, c=T, alpha=.5)
plt.autoscale()
plt.show()
```

代码的执行结果如图 11-6 所示。

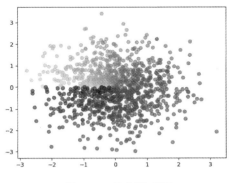

图 11-6　绘制散点图

2. 柱状图

柱状图又称长条图、柱状统计图、条状图，是一种以长方形的长度为变量的统计图表，经常用来比较两个或两个以上的数值的大小(不同时间或者不同条件)，通常应用于较小的数据集分析。柱状图可以纵向显示(bar 函数)，亦可横向排列(barh 函数)。

使用 Matplotlib 库的 bar/barh 函数绘图语法格式如下：

```
matplotlib.pyplot.bar(left, height, width=0.8, bottom=None, hold=None, **kwargs)
#垂直
    matplotlib.pyplot.barh(bottom, width, height=0.8, left=None, hold=None, **kwargs)
#水平
```

关键参数介绍如下：

left：标量序列，是 x 坐标轴数据，即每个块的 x 轴起始位置。

height：标量或者标量序列，是 y 坐标轴的数据，即每个块的 y 轴高度。

width：标量或者数组，可选参数。默认为 0.8，即每一个块的显示宽度。

bottom：标量或者数组，可选参数，默认值为 None，条形图 y 坐标，即每一个块的底部高度。

color：标量或者数组，可选参数，条形图前景色。若只给出一个值，则表示全部使用该颜色；若赋值颜色为列表，则会逐一染色，若给出颜色列表数目少于直方图数目，则会循环利用。

edgecolor：标量或者数组，可选参数。条形图边界颜色。

linewidth：标量或者数组，可选参数。条形图边界宽度。如果为 None，使用默认 linewidth；如果为 0，不画边界。默认为 None。

绘制柱状图的示例代码如下：

```python
import matplotlib.pyplot as plt
import numpy as np

x = np.array(["s-1", "s-2", "s-3", "s-4","s-5"])
y1 = np.array([12, 22, 6, 18,30])
y2 = np.array([-12, -22, -9, -18,-21])
c1 = ['navy','blue','mediumblue','royalblue']
c2 = ['darkgreen','green','limegreen','lime']
plt.bar(x,y1,color=c1)
plt.bar(x,y2,color=c2)
plt.show()
```

代码执行结果如图 11-7 所示。

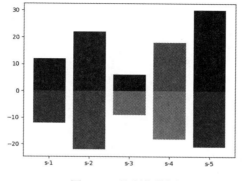

图 11-7　绘制柱状图

3. 直方图

直方图依照相等的间隔将数值分组为柱，其外观与柱状图类似，但直方图的形状包含了数据分布的一些信息，如高斯分布、指数分布等。当分布总体呈现规律性，但有个别异常值时，可以通过直方图辨认。与直方图类似的还有密度图(density plots)，这是理解数值变量分布的另一个方法。与直方图相比，密度图的主要优势是不依赖于柱的尺寸，更加清晰。最简单的一种查看数值变量分布的方法是可以使用 plot.kde 方法绘制密度图。

绘制直方图的语法格式如下：

```
matplotlib.pyplot.hist(x,bins=None,range=None,density=None,bottom=None,
histtype='bar', align='mid', log=False, color=None, label=None, stacked=False,
normed=None)
```

关键参数如下：

(1) x：数据集，最终的直方图将对数据集进行统计。

(2) bins：统计的区间分布。

(3) range：tuple，显示的区间，range 在没有给出 bins 时失效。

(4) density：bool，默认为 False，显示的是频数统计结果，若为 True 则显示频率统计结果。这里需要注意，频率统计结果=区间数目/(总数*区间宽度)，和 normed 效果一致，官方推荐使用 density。

(5) histtype：可选{'bar', 'barstacked', 'step', 'stepfilled'}之一，默认为 bar，推荐使用默认配置，step 使用的是梯状，stepfilled 则会对梯状内部进行填充，效果与 bar 类似。

(6) align：可选{'left', 'mid', 'right'}之一，默认为'mid'，控制柱状图的水平分布，left 或者 right，会有部分空白区域，推荐使用默认。

(7) log：bool，默认 False，即 y 坐标轴是否选择指数刻度。

(8) stacked：bool，默认为 False，是否为堆积状图。

直方图的绘图示例代码如下：

```
import numpy as np
import matplotlib.pyplot as plt
fig=plt.figure(1)
ax1=fig.add_subplot(111)
mu, sigma = 100, 15
x = mu + sigma * np.random.randn(10000)
n,bins,patches=ax1.hist(x,bins=50,density=1,facecolor='g',alpha=0.75)

ax1.set_xlabel('Smarts')
ax1.set_ylabel('Probability')
ax1.set_title('Histogram of IQ')
```

```
ax1.grid(True)
plt.show()
```

代码执行结果如图 11-8 所示。

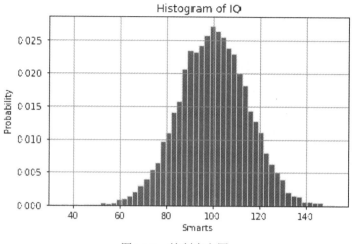

图 11-8　绘制直方图

4. 饼图

饼图用于显示一个数据系列中各项的大小与各项总和的比例。可以使用 matplotlib.pyplot 模块的 pie 函数绘制饼图，其语法格式如下：

```
matplotlib.pyplot.pie(x, explode=None, labels=None, colors=None, autopct=None,
pctdistance=0.6, shadow=False, labeldistance=1.1, startangle=None, radius=None, … )
```

常用参数及说明如表 11-12 所示。

表 11-12　常用参数及说明

参数名称	参数及调参界面说明	参数名称	参数及调参界面说明
X	接收 array，表示用于绘制 pie 的数据。无默认	autopct	[None | format string | format function] 用于标记它们的值(大小为 x/sum(x)*100) 的文本格式。例如，%3.1f%%表示小数有三位，整数有一位的浮点数
explode	接收 array，表示指定项饼图每个部分离开圆心的半径。默认为 None	pctdistance	接收 float，指定每一项的比例和距离饼图圆心 n 个半径。默认为 0.6
labels	接收 array，指定每一项的名称。默认为 None	labeldistance	接收 float，指定每一项的名称和距离饼图圆心多少个半径。默认为 1.1
colors	接收特定 string 或者包含颜色字符串的 array，表示饼图颜色。默认为 None	radius	接收 float，表示饼图的半径。默认为 1

绘制饼图的示例代码如下：

```
import numpy as np
import matplotlib.pyplot as plt
fig=plt.figure(1)
ax1=plt.subplot(111)
data = [20,40,34,67,90]
labels=['A','B','C','X', 'Y']
colors=['c','m','r','b','y']
explode = (0, 0, 0, 0,0.1)
ax1.pie(data,labels=labels,colors=colors,startangle=90,shadow=False,explode=
explode,autopct='%1.1f%%')
plt.show()
```

代码的执行结果如图 11-9 所示。

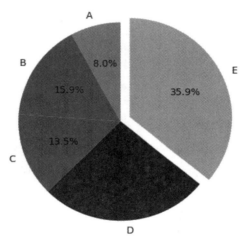

图 11-9　绘制饼图

5. 等高线图

地理课中讲述山峰山谷时绘制的图形就是等高线图，在机器学习中也会被用在绘制梯度下降算法的图形中。绘制等高线图有 contour() 和 contourf() 两个函数，不同点在于 contour() 是绘制轮廓线，contourf() 会填充轮廓。具体语法格式如下：

```
plt.contour([X, Y,] Z, [levels], **kwargs)
plt.contourf([X, Y,] Z, [levels], **kwargs)
```

上述两个函数的参数含义相同。

X、Y 表示等高线图的坐标值，Z 表示高度值。当 X、Y、Z 都是 2 数组时，它们的形状必须相同。如果都是 1 维数组，则 len(X) 是 Z 的列数，而 len(Y) 是 Z 的行数。

Levels 表示 int 或类似数组，用于确定轮廓线/区域的数量和位置。

绘制等高线图的示例代码如下：

```
import numpy as np
import pandas as pd
import matplotlib.pyplot as plt

# 计算 x,y 坐标对应的高度值
def f(x, y):
  return (1-x/2+x**5+y**3) * np.exp(-x**2-y**2)

n = 256
x = np.linspace(-3, 3, n)
y = np.linspace(-3, 3, n)
# 把 x,y 数据生成 mesh 网格状的数据，因为等高线的显示是在网格的基础上添加高度值
X, Y = np.meshgrid(x, y)

plt.contourf(X, Y, f(X, Y), 20, cmap=plt.cm.hot) # 填充等高线
C = plt.contour(X, Y, f(X, Y), 20) # 添加等高线
plt.clabel(C, inline=True, fontsize=12)
plt.show()
```

上述代码的执行结果如图 11-10 所示。

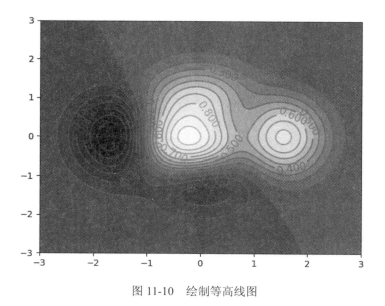

图 11-10　绘制等高线图

11.3.4　图形绘制辅助函数介绍

本节将介绍 matplotlib.pyplot 图形绘制的辅助函数，这类函数比较多且类型多样，详见表 11-13。后面将详细介绍坐标轴控制函数与图例、标题、网格线等设置函数。

表 11-13　　plt 库的图形绘制设置函数

函　　数	描　　述
plt.autoscale()	自动缩放坐标轴范围
plt.axis([x_start, x_end, y_start, y_end])	设置当前 x 轴和 y 轴的范围
plt.xlim(x_start, x_end)	设置当前 x 轴的范围
plt.ylim(y_start, y_end)	设置当前 y 轴的范围
plt.xscale(value)	设置 x 轴的缩放
plt.yscale(value)	设置 y 轴的缩放
plt.xticks(ticks,labels)	设置当前 x 轴刻度位置的标签和值
plt.yticks(ticks,labels)	设置当前 y 轴刻度位置的标签和值
plt.xlabel(s)	设置当前 x 轴的标签
plt.ylabel(s)	设置当前 y 轴的标签
plt.grid(True/False)	设置画图的网格线是否显示
plt.legend()	设置图例
plt.title(s)	设置图形标题 s
plt.suptitle(s)	为当前绘图区设置中心标题 s
plt.annotation(s, xy)	设置带箭头的图形标注、注释
plt.text (x,y,s)	为图形添加文本标注

1. 设置坐标轴范围、刻度、标签

　　Matplotlib 默认根据数据系列自动缩放坐标轴范围，Pyplot 模块中的 autoscale()函数可以切换是否自动缩放坐标轴范围，xlim()和 ylim()函数可用于手动设置坐标轴范围。使用 xlim()，ylim()函数设置坐标轴范围(对应 Axes 的 set_xlim()/set_ylim()函数)，相关函数语法格式如下：

```
plt.autoscale(enable=True, axis='both', tight=None)
```

其中，函数中的参数 enable 为布尔值，即表示是否自动缩放；axis 取值范围为{'both', 'x', 'y'}，默认值为'both'，即作用在哪个坐标轴；tight 为布尔值，默认值为 None，即是否设置边距为 0。

```
plt.xlim(left=None, right=None, xmin=None, xmax=None,*)
plt.ylim(bottom=None, top=None, ymin=None, ymax=None, *)
```

其中，left/bottom 为 x/y 坐标轴左/下侧极值，right/top 为 x/y 坐标轴右/上侧极值，并且 left/bottom 可以比 right/top 大。函数返回值为(left/bottom，right/top)，即坐标轴范围为元组。

　　除了坐标轴范围，坐标轴的刻度及标签也可以自定义设置，使用 plt 的 xticks()函数和 yticks()函数(也可使用 Axes 的 set_xticks ()/set_yticks()函数)可以自定义 x 轴和 y 轴的刻度标签，语法格式如下：

```
plt.xticks(ticks=None, labels=None, **kwargs)
plt.yticks(ticks=None, labels=None, **kwargs)
```

其中，ticks 表示 x/y 轴刻度的位置列表，空列表将清空 x/y 轴所有刻度，它是类数组结构；labels 表示 x/y 轴刻度的标签，该参数只有当 ticks 不为空时才传递。上述函数的返回值为 (locs，labels)元组。其中，locs 为 x 轴刻度位置列表，labels 为 x 轴刻度标签列表。

示例代码如下：

```
>>> locs, labels = plt.xticks()  # 获取 x 轴当前的位置及刻度
>>> plt.xticks(np.arange(0, 1, step=0.2))  # 设置 x 轴数字标签
>>> plt.xticks(np.arange(3), ['Tom', 'Dick', 'Sue'])  # 设置 x 轴文本标签
>>> plt.xticks([0, 1, 2], ['January', 'February', 'March'],
...        rotation=20)  #设置 x 轴文本标签，并设置旋转属性
>>> plt.xticks([])  # 不显示 x 轴的标签
```

本实例绘制正弦线和余弦线，并通过 plot()函数的 label 属性设置了线条图例名，设置了 x 轴的刻度范围及标签，还设置了 y 轴的刻度。

综合实例代码如下：

```
import matplotlib.pyplot as plt
import numpy as np

x=np.linspace(-np.pi,np.pi)      #生成-π 到π 之间的数组
s = np.sin(x)
c= np.cos(x)
plt.plot(x,s,label="sin")    #绘制正弦线
plt.plot(x,c,label="cos")    #绘制余弦线
plt.xlim(-np.pi,np.pi)      #设置 x 轴的数值范围
plt.xticks([-np.pi,-np.pi/2,0,np.pi/2,np.pi],["-π","-π/2","0","π/2","π"])
#设置 x 轴的标签
plt.yticks([-1,0,1])  #设置 y 轴的标签
plt.legend()
plt.show()
```

2. 设置图例

图例是数据可视化和绘图的关键组成部分之一。Matplotlib 可以为每个图自动定义图例的位置，并将其定位在所需的位置。可以通过 plt.legend()函数设置每个图的图例是否显示并设置相应的位置。

legend()函数的语法格式如下：

```
plt.legend(*args,**kwargs)
```

其中，函数的所有参数都是可选参数，可选参数描述见表 11-14。

表 11-14　plt.legend 函数的参数介绍

参数	描　　述
handles	需要设置图例的图形对象的列表，需要与 labels 数量相同
labels	对于图形对象设置的图例的列表，需要与 handles 数量相同
loc	图例在画布中摆放的位置： 0: 'best' 1: 'upper right' 2: 'upper left' 3: 'lower left' 4: 'lower right' 5: 'right' 6: 'center left' 7: 'center right' 8: 'lower center' 9: 'upper center' 10: 'center'
fontsize	字号，整数或{'xx-small', 'x-small', 'small', 'medium', 'large', 'x-large', 'xx-large'}
frameon	图例是否需要边框，默认为 True
edgecolor	图例边框颜色
facecolor	图例背景颜色
shadow	图例是否有阴影

图例的示例代码如下：

```
>>> p1, = plt.plot([1,2,3])
>>> p2, = plt.plot([3,2,1])
>>> l1 = plt.legend([p2, p1], ["line 2", "line 1"], loc='upper left')
>>> plt.show()

>>> x = np.random.uniform(-1, 1, 4)
>>> y = np.random.uniform(-1, 1, 4)
>>> p3 = plt.scatter(x[0:2], y[0:2], marker = 'D', color='r')
>>> p4 = plt.scatter(x[2:], y[2:], marker = 'D', color='g')
>>> plt.legend([p3, p4], ['scatter1', 'scatter2'], loc='lower right')
>>> plt.show()
```

3. 设置标题、文本信息

对于一幅图来说，标题不可或缺，它能让人直观地了解到图形想表达的主旨。本节将对标题的设置进行介绍，包含了标题的字体大小、颜色、位置、中文字符等内容。matplotlib.pyplot 库应用 title()函数(也可使用 Axes 的 set_title ()函数)来设置图表的标题，语法结构如下：

```
plt.title(label, fontdict=None, loc='center', pad=None, **kwargs)
```

相应的函数参数解释如下：

label:str, 标题文本。

fontdict: dict, 用一个字典来控制标题的字体样式，默认值如下：

```
{'fontsize': rcParams['axes.titlesize'],
 'fontweight' : rcParams['axes.titleweight'],
 'verticalalignment': 'baseline',
 'horizontalalignment': loc}
```

loc: str, 标题水平样式可为{'center', 'left', 'right'}，分别表示居中，水平居左和居右，默认为水平居中。

pad: float, 表示标题离图表顶部的距离，默认为 None.

除了标题之外，通常需要设置 x/y 轴的标题，matplotlib.pyplot 库应用 xlabel()和 ylabel()函数来进行相应的设置，这两个函数的参数与上述的 title()函数基本相同。在设置图形标题及标签时，会面临中文显示的问题，因为 Matplotlib 默认是不支持显示中文字符的，一般可以使用 plt.rcParams 配置来自定义图形的各种默认属性，可以使用下面两行代码一次性解决一个 Python 程序中 Matplotlib 绘图的中文显示问题：

```
plt.rcParams['font.sans-serif'] = ['SimHei']
plt.rcParams['axes.unicode_minus'] = False
```

代码中的第一句是替换 Matplotlib 的默认 sans-serif 字体为黑体，第二句解决坐标轴负数的负号显示问题。在 Windows 操作系统中，默认支持使用以下中文字体，中文字体见表 11-15。

表 11-15　plt 绘图中常用的中文字体

字 体	代 码
黑体	SimHei
仿宋	FangSong
楷体	KaiTi
微软雅黑体	Microsoft YaHei

4. 设置文本注释

Matplotlib 绘制的图形中可以添加两类注释：指向性注释和无指向性注释。用一个箭头指向要注释的地方，再写上一段话的行为，叫作指向性注释。Matplotlib 中使用函数 plt.annotate()来实现这个功能，而无指向性注释使用 text()函数实现。annotate 函数语法结构如下：

```
plt.annotation(s, xy, xytext=None, xycoords='data', textcoords=None,
arrowprops=None, annotation_clip=None, **kwargs)
```

主要参数解释如下：

s: 字符串，注释信息内容。

xy：(float，float)，箭头点所在的坐标位置。

xytext：(float，float)，注释内容的坐标位置。

xycoords：被注释点的坐标系属性(通常 xycoords 的值为"data"，以被注释的坐标点 xy 为参考)。

textcoords：设置注释文本的坐标系属性(textcoords 选择为相对于被注释点 xy 的偏移量)。

arrowprops：dict，设置指向箭头的参数，字典中 key 值有下面 3 种。

① arrowstyle：设置箭头的样式，其 value 选项如"->""|-|""-|>"，也可以用字符串"simple""fancy"等，详情见顶部的官方项目地址链接。

② connectionstyle：设置箭头的形状为直线或者曲线，候选项有"arc3""arc""angle""angle3"，可以防止箭头被曲线内容遮挡。

③ color：设置箭头颜色，见前面的 color 参数。

无指向型的注释文本使用 matplotlib.pyplot.text()函数进行添加，该函数会在图中指定的位置添加注释内容而无指向箭头。函数的语法结构如下：

```
plt.text(x,y,s,family,fontsize,style,color,**kwargs)
```

主要参数解释如下：

x，y：代表注释内容位置。

s：代表注释文本内容。

family：设置字体，自带的可选项有{'serif', 'sans-serif', 'cursive', 'fantasy', 'monospace'}。

fontsize：字体大小。

style：设置字体样式，可选项有{'normal', 'italic'(斜体), 'oblique'(斜体)}。

下面的实例展示了中国 Top5 城市富裕家庭数量分布柱状图，使用 text()函数标注了家庭数量的标签：

```
import matplotlib.pyplot as plt
import numpy as np
# 构建数据
Y2020 = [15600,12700,11300,4270,3620]
Y2021 = [17400,14800,12000,5200,4020]
cities = ['北京','上海','香港','深圳','广州']
bar_width = 0.4
half_bar_width = 0.2


# 中文乱码的处理
plt.rcParams['font.sans-serif'] =['Microsoft YaHei']
plt.rcParams['axes.unicode_minus'] = False


# 绘图
plt.bar(np.arange(5)-half_bar_width, Y2020, label = '2020', color = 'royalblue',
```

```
alpha = 0.8, width = bar_width)
    plt.bar(np.arange(5)+half_bar_width, Y2021, label = '2021', color = 'goldenrod',
alpha = 0.8, width = bar_width)


    plt.xlabel('Top5 城市')
    plt.ylabel('家庭数量')
    plt.title('财富家庭数 Top5 城市分布')
    plt.xticks(np.arange(5),cities)

    # 为每个条形图添加数值标签
    for x2020,y2020 in enumerate(Y2020):
        plt.text(x2020-bar_width, y2020+100, '%s' %y2020)


    for x2021,y2021 in enumerate(Y2021):
        plt.text(x2021, y2021+100, '%s' %y2021)


    plt.legend()
    plt.show()
```

上述代码的执行结果如图 11-11 所示。

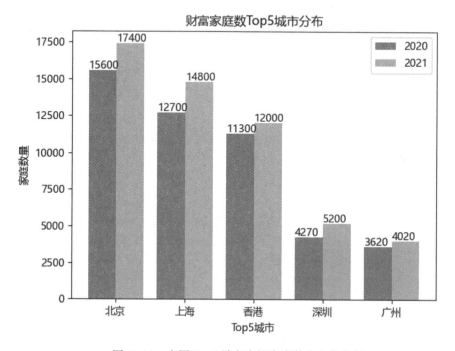

图 11-11 中国 Top5 城市富裕家庭数分布柱状图

本 章 小 结

本章以数据处理及可视化为目标，介绍了 Python 数据处理基础库 NumPy 和数据处理图形绘制库 Matplotlib。NumPy 库通过 ndarray 结构可以高效地处理各种类型各种维度的数据。介绍了 NumPy 中各种数据处理的相关函数，这些函数是高效数据处理的重要工具。Matplotlib 库的子库 Pyplot 中集成了诸多绘图 API，可以方便快速地绘制各种 2D 图表，本章还介绍了常用的绘图函数以及辅助绘图函数。

习　　题

1. 使用 matplotlib.pyplot 库的 imread()方法读取一幅彩色图像数据，绘制该图像的红绿蓝三色的直方图。

2. 采集中美两国最近 10 年的 GDP 数据，绘制两国的 GDP 数据走势折线图，同时绘制两国 GDP 数据的柱状图。

3. 采集中国去年的 GDP 总数据及各省份的 GDP 数据，绘制饼图以显示中国总 GDP 以及 GDP 排名前十名各省份的数据占比。

第 12 章 文本处理及综合案例

12.1 分 词

12.1.1 jieba 库介绍

Jieba 库是 Python 中优秀的中文分词第三方库，是百度工程师 Sun Junyi 开发的一个开源库，在 GitHub(https://github.com/fxsjy/jiebajieba)上很受欢迎，使用频率也很高。jieba 库最流行的应用是分词，也称为结巴中文分词。分词的原理是：利用一个中文词库，将待分词的内容与分词词库进行比对，通过图结构和动态规划方法找到最大概率的词组。除此之外，jieba 库还提供了增加自定义中文单词的功能。

下面具体介绍 jieba 的分词原理。

(1) 初始化。加载词典文件，获取每个词语和它出现的词数。

(2) 切分短语。利用正则，将文本切分为一个个语句，之后对语句进行分词。

(3) 构建 DAG。通过字符串匹配，构建所有可能的分词情况的有向无环图，也就是DAG。

(4) 构建节点路径的最大概率以及结束位置。计算每个汉字节点到语句结尾的所有路径中的最大概率，并记下最大概率时在 DAG 中对应的该汉字的结束位置。

(5) 构建切分组合。根据节点路径，得到词语切分的结果，也就是分词结果。

(6) 处理 HMM 新词。对于新词，也就是 jieba 词典中没有的词语，我们通过统计方法来处理，jieba 中采用 HMM(隐马尔科夫模型)来处理。

(7) 返回分词结果。通过 yield 将上面步骤中切分好的词语逐个返回。yield 相对于 list，可以节约存储空间。

安装 jieba 库，在命令行下输入：

```
pip inshtall jieba
```

12.1.2 jieba 库分词的三种模式

jieba 库支持以下三种分词模式：

 • 精确模式：将句子最精确地切开，不存在冗余单词，适合文本分析。

 • 全模式：将句子中所有可以成词的词语都扫描出来，扫描的速度非常快，但是不能消除歧义，有冗余。

　　• 搜索引擎模式：在精确模式的基础上，对长分词再次切分，提高召回率，适合用于搜索引擎分词。

12.1.3　jieba 库的常用函数

　　jieba 库的常用函数如表 12-1 所示。

表 12-1　jieba 库的常用函数

函　数	描　述
jieba.cut(s)	精确模式，返回一个可迭代的数据类型
jieba.cut(s, cut_all=True)	全模式，输出文本 s 中所有可能的单词
jieba.cut_for_search(s)	搜索引擎模式，适合搜索引擎建立索引的分词结果
jieba.lcut(s)	精确模式，返回一个列表类型，建议使用
jieba.lcut(s, cut_all=True)	全模式，返回一个列表类型，建议使用
jieba.lcut_for_search(s)	搜索引擎模式，返回一个列表类型，建议使用
jieba.add_word(w)	向分词词典中增加新词 w
jieba.del_word(w)	向分词词典中删除词 w

　　jieba 库的常用函数的使用示例如下：
　　(1) 精确模式函数 jieba.lcut(str)：返回列表类型。

```
>>> import jieba
>>> s = "中华人民共和国是一个伟大的国家"
>>> print(jieba.lcut(s))
['中华人民共和国', '是', '一个', '伟大', '的', '国家']
```

　　(2) 精确模式函数 jieba.cut(str)：返回可迭代的数据类型。

```
>>> import jieba
>>> s = "中华人民共和国是一个伟大的国家"
>>> result=jieba.cut(s)
>>> for r in result:
    print(r,end=' ')
中华人民共和国 是 一个 伟大 的 国家
```

　　(3) 全模式 jieba.lcut(str,cut_all=True)：返回列表类型，有冗余。

```
>>> import jieba
>>> s = "中华人民共和国是一个伟大的国家"
>>> >>> print(jieba.lcut(s,cut_all=True))
['中华', '中华人民', '中华人民共和国', '华人', '人民', '人民共和国', '共和', '共和国', '国是', '一个', '伟大', '的', '国家']
```

　　(4) 全模式 jieba.lcut(str,cut_all=True)：返回可迭代的数据类型，有冗余。

```
>>> import jieba
>>> s = "中华人民共和国是一个伟大的国家"
>>> result=jieba.cut(s,cut_all=True)
>>> for r in result:
    print(r,end=' ')
中华 中华人民 中华人民共和国 华人 人民 人民共和国 共和 共和国 国是 一个 伟大 的 国家
```

(5) 搜索引擎模式 jieba.lcut_for_search(str)：返回列表类型，有冗余。

```
>>> import jieba
>>> s = "中华人民共和国是一个伟大的国家"
>>> print(jieba.lcut_for_search(s))
['中华', '华人', '人民', '共和', '共和国', '中华人民共和国', '是', '一个', '伟大', '的', '国家']
```

12.1.4 典型案例

【例 12-1】 增加删除词。

```
import jieba
sentence = '天长地久有时尽，此恨绵绵无绝期'
print('原分词结果: ', jieba.lcut(sentence))
# 添词
jieba.add_word('时尽', 999, 'nz')
print('添加【时尽】: ', jieba.lcut(sentence))
# 删词
jieba.del_word('时尽')
print('删除【时尽】: ', jieba.lcut(sentence))
```

运行结果如下：

原分词结果： ['天长地久','有时','尽','，','此恨绵绵','无','绝期']

添加【时尽】： ['天长地久','有','时尽','，','此恨绵绵','无','绝期']

删除【时尽】： ['天长地久','有时','尽','，','此恨绵绵','无','绝期']

【例 12-2】 打印分词词性标注。

```
import jieba.posseg as jp
sentence = '我爱 Python 程序设计'
posseg = jp.cut(sentence)
for i in posseg:
    print(i.__dict__)
```

运行结果如下：

{'word': '我', 'flag': 'r'}

{'word': '爱', 'flag': 'v'}

{'word': 'Python', 'flag': 'eng'}

{'word': '程序设计', 'flag': 'n'}

词性标注表参考表 12-2 所示。

表 12-2　词性标注表

标　注	解　释	标　注	解　释	标　注	解　释
a	形容词	mq	数量词	tg	时间语素
ad	副形词	n	名词	u	助词
ag	形语素	ng	名语素	ud	得
an	名形词	nr	人名	ug	过
b	区别词	nrfg	古代人名	uj	的
c	连词	nrt	音译人名	ul	了
d	副词	ns	地名	uv	地
df	不要	_ _nt	机构团体	_ _uz	着
dg	副语素	nz	其他专名	v	动词
e	叹词	o	拟声词	vd	副动词
f	方位词	p	介词	vg	动语素
g	语素	q	量词	vi	动词
h	前接成分	r	代词	vn	名动词
i	成语	rg	代语素	vq	动词
j	简称略语	rr	代词	x	非语素字
k	后接成分	rz	代词	y	语气词
l	习用语	s	处所词	z	状态词
m	数词	t	时间词	zg	状态语素

12.2　WordCloud

WordCloud 是 Python 制作词云的一个第三方库。利用 WordCloud 可以根据文本中词语出现的频率等参数绘制词云，绘制时词云的形状、尺寸和颜色都可以设定，其特点(优势)如下：

(1) 可填充所有的可用空间。

(2) 能够使用任意的 mask。

(3) 虽然是可以轻松修改的简单算法，但是其实现是很高效的。

WordCloud 的安装命令如下：

```
pip install wordcloud
```

使用 WordCloud 库之前还需要安装 Matplotlib，安装命令如下：

```
pip install matplotlib
```

WordCloud 的使用步骤如下：

(1) 用 WordCloud 方法实例化一个该类对象，并配置词云参数。

(2) 调用该对象的 generate(txt) 方法，将文本转化为词云。

(3) 调用该对象的 to_file(filename) 方法，保存图片到文件。

12.2.1　WordCloud 的常用参数

生成一个词云对象，从而生成词云和绘制词云图片，代码如下：

```
class WordCloud(object):
  def __init__(self, font_path=None, width=400, height=200, margin=2,
                ranks_only=None, prefer_horizontal=.9, mask=None, scale=1,
                color_func=None, max_words=200, min_font_size=4,
                stopwords=None, random_state=None, background_color='black',
                max_font_size=None, font_step=1, mode="RGB",
                relative_scaling='auto', regexp=None, collocations=True,
                colormap=None, normalize_plurals=True, contour_width=0,
                contour_color='black', repeat=False,
                include_numbers=False,min_word_length=0,
                collocation_threshold=30):
```

常用参数见表 12-3。

表 12-3　WordCloud 的常用参数

参　数	功　能
font_path	指定字体文件的完整路径，默认为 None
width	生成图片宽度，默认为 400 像素
height	生成图片高度，默认为 200 像素
min_font_size	词云中最小的字体字号，默认为 4 号
max_font_size	词云图中最大的字体字号，默认为 None，根据高度自动调节
font_step	字体步长，默认为 1
max_words	词云图中最大的词数，默认为 200
stopwords	被排除的列表，排除词不在词云中显示
background_color	图片背景颜色，默认为黑色
mask	词云形状，默为认 None，即方形图

12.2.2　WordCloud 的使用方法

WordCloud 库把词云当作一个 WordCloud 对象，wordcloud.WordCloud()代表一个文本对应的词云。WordCloud 的使用方法见表 12-4。

表 12-4　WordCloud 的使用方法

方　法	描　述
w.generate(txt)	向 WordCloud 对象 w 中加载文本 txt，如：w.generate("Python and WordCloud")
w.to_file(filename)	将词云输出为图像文件，.png 或.jpg，如：w.to_file("outfile.png")

实例化对象 1，指定微软雅黑字体，背景色为白色：

```
w = WordCloud(font_path="msyh.ttf",background_color="white")
```

实例化对象 2，指定图片宽度和高度为 100：

```
w = WordCloud(width=100,height=100)
```

实例化对象 3，词云图片中最多显示 5 个词语，同时不显示 yes、no 和 who 单词：

```
excludes=["yes","no","who"]
w2=WordCloud(max_words=5,stopwords=excludes)
```

文本转换为词云 generate(text)：

```
fo=open("hello.txt","r")
txt=fo.read()
wordcloud=w.generate(txt)
```

12.2.3　典型案例

【例 12-3】　Hamlet 词云输出。

运行程序如下：

```
from wordcloud import WordCloud
w=WordCloud(background_color="white",width=300,height=200)
fo=open("hamlet.txt","r")
txt=fo.read()
wordcloud = w.generate(txt)
w.to_file("halmet.png")
```

输出图片如图 12-1 所示。

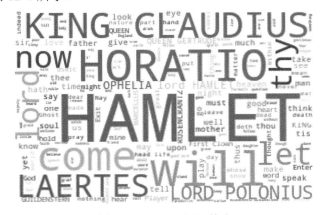

图 12-1　Hamlet 词云输出

【例 12-4】　三国人物出场词云。

运行程序如下：

```
from wordcloud import WordCloud
import jieba
excludes = {"将军","却说","荆州","二人","不可","不能"}
txt = open("三国演义.txt", "r", encoding='utf-8').read()
words  = jieba.lcut(txt)
words=" ".join(words)
wordcloud=WordCloud(font_path="msyh.ttf",background_color="red",stopwords=excludes,max_words=5)
wordcloud=wordcloud.generate(words)
wordcloud.to_file("sanguo.png")
```

输出图片如图 12-2 所示。

图 12-2　三国人物出场词云

【例 12-5】　李克强 2021 政府工作报告词云。

运行程序如下：

```
from wordcloud import WordCloud
import jieba
import numpy as np
from PIL import Image

txt = open("李克强 2021 政府工作报告.txt", "r", encoding='utf-8').read()
words  = jieba.lcut(txt)
alice_mask = np.array(Image.open( "img.jpg"))
words=" ".join(words)
wordcloud=WordCloud(font_path="msyh.ttf",background_color="white",mask=alice_mask)
wordcloud=wordcloud.generate(words)
wordcloud.to_file("likeqiang.png")
```

输出图片如图 12-3 所示。

程序设置了图片 img.jpg 作为 mask。从词云结果我们可以看到，发展、建设、推进和完善经济是政府工作关注的重点。

图 12-3　政府工作报告词云

12.3　网　络　爬　虫

12.3.1　爬虫分类

网络爬虫按照系统结构和实现技术，大致可以分为以下几种类型：通用网络爬虫(General Purpose Web Crawler)、聚焦网络爬虫(Focused Web Crawler)、增量式网络爬虫(Incremental Web Crawler)及深层网络爬虫(Deep Web Crawler)。 实际的网络爬虫系统通常是几种爬虫技术相结合实现的。各类爬虫特点见表 12-5。

表 12-5　各类爬虫特点介绍

名称	场　景	特　点	缺　点
通用网络爬虫	又称全网爬虫，门户站点搜索引擎、大型 Web 服务提供商采集数据	爬行范围和数量巨大、爬行页面顺序要求低、并行工作方式，爬取互联网上的所有数据	爬虫速度和存储空间要求高、刷新页面的时间长
聚焦网络爬虫	又称主题网络爬虫，只爬行特定的数据，商品比价	极大节省了硬件和网络资源，页面更新快	
增量式网络爬虫	只抓取刚刚更新的数据	数据下载量少，及时更新已爬行的网页，减少时间和空间上的耗费，爬取到的都是最新页面	增加了爬行算法的复杂度和实现难度
深层网络爬虫	用户注册后内容才可见的网页	大部分内容不能通过静态链接获取，隐藏在搜索表单后，用户提交一些关键词才能获得	

12.3.2　编写爬虫的步骤

Python 网络爬虫步骤如下:

(1) 准备所需库,编写爬虫调度程序。

(2) 编写 url 管理器,并编写网页下载器(如采用 Requests)。

(3) 编写网页解析器(如采用 BeautifulSoup4 或正则表达式)。

(4) 编写网页输出器即可。

实际上,作为高级项目开发一般都会使用爬虫框架进行爬虫操作。使用爬虫框架可以节省大量的开发时间,开发者只需要实现简单的核心抓取和存储功能即可,而无需关注内部信息流转,框架自带多线程和异常处理能力。如分布式爬虫框架 Nutch,JAVA 单机爬虫框架 Crawler4j、WebMagic 以及纯 Python 实现的爬虫框架 Scrapy 等。

12.3.3　Requests 库介绍

虽然 Python 的标准库中 urllib2 模块已经包含了平常我们使用的大多数功能,但是它的 API 使用起来让人感觉不太好。Requests 自称 "HTTP for Humans",说明使用更简洁方便。

Requests 继承了 urllib2 的所有特性。Requests 支持 HTTP 连接保持和连接池,支持使用 cookie 保持会话,支持文件上传,支持自动确定响应内容的编码,支持国际化的 URL 和 POST 数据自动编码。

Requests 的安装如下:

```
pip install requests
```

Requests 库有如下 7 种常用方法:

(1) requests.requests()。

(2) requests.get("https://github.com/timeline.json")

(3) requests.post("http://httpbin.org/post")

(4) requests.put("http://httpbin.org/put")

(5) requests.delete("http://httpbin.org/delete")

(6) requests.head("http://httpbin.org/get")

(7) requests.patch("http://httpbin.org/get")

后面六种方法都是由 requests()方法实现的,因此,我们也可以说 requests()方法是最基本的。在网络上对服务器数据进行修改是比较困难的,在实际中 get()方法是最为常用的方法。

1. requests()方法

```
requests.requests(method, url, **kwargs)
```

其中,method 表示请求方式,有 GET, PUT,POST,HEAD, PATCH, delete, OPTIONS 一共 7 种方式;url 表示网络链接;**kwargs 表示可选参数(13 个可选参数)。

2. get()方法

```
requests.get (url,headers=headers)
```

请求网页数据，它返回的 Response 对象代表响应。返回内容作为一个对象更便于操作，Response 对象的属性需要采用<a>.<b>形式使用。示例代码如下：

```python
import requests
if __name__ == "__main__":
    #指定请求的url
    url = 'http://www.baidu.com'
    #定制请求头信息，相关的头信息必须封装在字典结构中
    headers = {
        'User-Agent': 'Mozilla/5.0 (Windows NT 6.1; Win64; x64) AppleWebKit/537.36
(KHTML, like Gecko) Chrome/66.0.3359.181 Safari/537.36',
    }

    response = requests.get(url=url,headers=headers)


    #获取请求的url
    print('请求的url:'+response.url)


    #获取响应状态码
    print(response.status_code)


    #获取响应内容的编码格式,可以通过该属性修改响应的编码格式，直接以赋值的形式就可以修
改响应的编码方式，一般出现乱码时我们需要进行设置
    print('响应内容编码: '+response.encoding)


    #获取响应对象的响应头信息
    print(response.headers)


    #获取字符串形式的响应内容，即是我们通过审查元素看到的 HTML 内容
    print(response.text)


    #获取字节形式的响应内容，是 bytes 类型，一般我们请求图频、音频、视频需要用到字节流形
式的响应内容
    print(response.content)
```

12.3.4　BeautifulSoup4 库介绍

BeautifulSoup4 是 HTML/XML 的解析器，它的最大优点是能根据 HTML 和 XML 的语法建立解析树，进而高效解析和提取其中的内容。BeautifulSoup4 库将专业的 Web 页面格式解析部分封装成函数，提供了若干有用且便捷的处理函数。

BeautifulSoup4 库采用面向对象思想来实现。简单地说，它把每个页面当作一个对象，通过<a>.<b>的方式调用对象的属性(即包含的内容)，或者通过<a>.<b>()的方式调用方法(即处理函数)。

安装语句如下：

```
pip install beautifulsoup4
```

导入格式如下：

```
from bs4 import BeautifulSoup
```

1. 四个常用的对象

BeautifulSoup4 将复杂的 HTML 文档转换成一个复杂的树形结构，每个节点都是 Python 对象，所有对象可以归纳为 Tag、NavigatableString、BeautifulSoup、Comment。

1) Tag

通俗地讲，Tag 就是 HTML 中的一个个标签(如 head、title、body、p、a 等)。

示例代码如下：

```
import requests
from bs4 import BeautifulSoup as bs
r=requests.get("https://www.baidu.com")
r.encoding='utf-8'
soup=bs(r.text)
print(soup.title)
#<title>百度一下，你就知道</title>
print(soup.p)
#<p id="lh"> <a href="http://home.baidu.com">关 于 百 度 </a> <a
href="http://ir.baidu.com">About Baidu</a> </p>
print(soup.a)
#<a class="mnav" href="http://news.baidu.com" name="tj_trnews">新闻</a>
```

我们可以利用 soup 加标签名轻松地获取这些标签的内容，这些对象的类型是 bs4.element.Tag。但是注意，它查找的是所有内容中的第一个符合要求的标签。如果要查询所有的标签，后面会进行介绍。

Tag 有两个重要的属性，分别是 name 和 attrs。name 是标签名，attrs 是标签的属性。

示例代码如下：

```
print(soup.head.name)
# head #对于其他内部标签，输出的值便为标签本身的名称
print(soup.p.attrs)
#{'id': 'lh'}
print(soup.a.attrs)
#{'href': 'http://news.baidu.com', 'name': 'tj_trnews', 'class': ['mnav']}
```

2) NavigableString

NavigableString 使用 string 属性获取该对象。例如，soup.p.string 获得 bs 中 p 标签的内容。示例代码如下：

```
print(soup.a.string)
#新闻
```

3) BeautifulSoup

BeautifulSoup 对象表示的是一个文档的内容。大部分时候，可以把它当作 Tag 对象，它是一个特殊的 Tag，它与 Tag 有相同的 name 和 attrs 属性。

4) Comment

Comment 对象是一个特殊类型的 NavigableString 对象，其输出的内容不包括注释符号。

如果内容中有注释符号，soup.p.string 代码获得无注释符号，类型为 Comment，而不是 NavigableString。

示例代码如下：

```
import requests
from bs4 import BeautifulSoup as bs
markup = "<b><!--Hey, buddy. Want to buy a used parser?--></b>"
soup = bs(markup)
string = soup.b.string
print(string)
# Hey, buddy. Want to buy a used parser?
print(type(string))
# <class 'bs4.element.Comment'>
```

2. 搜索文档树

BeautifulSoup 的 find( ) 和 findall( ) 方法会遍历整个文档，按照条件返回标签内容。它们的区别是：前者返回找到的第一个结果，而后者以列表返回所有的结果。语法格式如下：

```
find( name , attrs , recursive , text , **kwargs )
find_all( name, attrs, recursive, text, **kwargs )
```

各参数的含义见表 12-6。

表 12-6　参数含义

参　　数	说　　　　明
name	检索标签的名称
attrs	对标签属性值的检索字符串，可标注属性检索
recursive	布尔型变量，是否对子孙全部检索，默认为 True
text	标签节点中文本
**kwargs	可选参数

　　这些参数相当于过滤器一样可以进行筛选处理。不同的参数过滤可以应用到以下情况:

(1) 查找标签,基于 name 参数。

(2) 查找文本,基于 text 参数。

(3) 基于正则表达式进行查找。

(4) 查找标签的属性,基于 attrs 参数。

(5) 基于函数进行查找。

构建 BeautifulSoup HTML 实例如下:

```python
from bs4 import BeautifulSoup
# HTML 例子
html = '''
<html>
    <head>
        <title>
            index
        </title>
    </head>
    <body>
        <div>
            <ul>
                <li id="f"class="item-0"><a href="l1.html">first</a></li>
                <li class="item-1"><a href="l2.html">second</a></li>
                <li class="item-1"><a href="l3.html">third</a></li>
                <li class="item-0"><a href="l4.html">fourth</a></li>
            </ul>
        </div>
        <li> hello world </li>
    </body>
</html>
'''
# 构建 BeautifulSoup 实例
soup = BeautifulSoup(html,'lxml')
```

find 查找一次:

```python
li = soup.find('li') #或者 li = soup.find(name='li')
print('find_li:',li)
print('li.text(返回标签的内容):',li.text)
print('li.attrs(返回标签的属性):',li.attrs)
print('li.string(返回标签内容字符串):',li.string)
```

运行结果如下：

find_li: <li class="item-0" id="f"><a href="l1.html">first</a></li>

li.text(返回标签的内容): first

li.attrs(返回标签的属性): {'id': 'f', 'class': ['item-0']}

li.string(返回标签内容字符串): first

通过'属性=值'的方法进行匹配：

```
li = soup.find(id = 'f')
print(li)
```

运行结果如下：

<li class="item-0" id="f"><a href="l1.html">first</a></li>

需要注意的是，因为 class 是 Python 的保留关键字，若要匹配标签内 class 的属性，需要特殊的方法，有以下两种：

(1) 在 attrs 属性中用字典的方式进行参数传递。

(2) BeautifulSoup 中自带的特别关键字 class_。

```
# 第一种:在 attrs 属性中用字典进行传递参数
find_class = soup.find(attrs={'class':'item-1'})
print('findclass:',find_class)
# 第二种:BeautifulSoup 中的特别关键字参数 class_
beautifulsoup_class_ = soup.find(class_ = 'item-1')
print('BeautifulSoup_class_:',beautifulsoup_class_)
```

运行结果如下：

findclass: <li class="item-1"><a href="l2.html">second</a></li>

BeautifulSoup_class_: <li class="item-1"><a href="l2.html">second</a></li>

text 参数可用来匹配节点的文本，传入的形式可以是字符串，也可以是正则表达式对象。

示例代码如下：

```
import re #使用正则表达式需要导入 re 模块
print(soup.find_all(name='li',text ='second'))
print(soup.find_all(name='li',text=re.compile('i')))
```

运行结果如下：

[<li class="item-1"><a href="l2.html">second</a></li>]

[<li class="item-0" id="f"><a href="l1.html">first</a></li>,

<li class="item-1"><a href="l3.html">third</a></li>]

[<li> hello world </li>]

select 的功能跟 find 和 find_all 一样，用来选取特定的标签，它的选取规则依赖于 css，我们把它叫作 css 选择器。select 的用法如下：

(1) 通过标签名查找 soup.select('title')。

(2) 通过类名查找 soup.select('.sister')。

(3) 通过 id 名查找 soup.select('#link1')。

(4) 组合查找 soup.select('p #link1')。

通过标签名查找示例如下：

```
print(soup.select('li'))
```

运行结果如下：

[<li class="item-0" id="f"><a href="l1.html">first</a></li>, <li class="item-1"><a href="l2.html">second</a></li>, <li class="item-1"><a href="l3.html">third</a></li>, <li class="item-0"><a href="l4.html">fourth</a></li>, <li> hello world</li>]

通过结果可以看出，返回的是一个数组。

通过类名和 id 进行查找示例：

```
#在进行过滤时类名前加点，id 名前加 #
print(soup.select('.item-1') )
print(soup.select('#f') )
```

运行结果如下：

[<li class="item-1"><a href="l2.html">second</a></li>, <li class="item-1"><a href="l3.html">third</a></li>]

[<li class="item-0" id="f"><a href="l1.html">first</a></li>]

组合查找可以分为两种：一种是在一个 tag 中进行两个条件的查找，另一种是树状的一层一层查找。

第一种情况示例如下：

```
print(soup.select('li#f') )
```

选择标签名为 li，id 为 f 的 tag。运行结果如下：

```
[<li class="item-0" id="f"><a href="l1.html">first</a></li>]
```

第二种情况示例如下：

```
print(soup.select('body div li.item-1') )
```

从 body 开始，在 body 里面查找所有的 div，在所有的 div 中查找标签名为 li，class 为 item-1 的 tag，这样像树状一层一层查找，层和层之间用空格分开。

运行结果如下：

[<li class="item-1"><a href="l2.html">second</a></li>, <li class="item-1"><a href="l3.html">third</a></li>]

12.3.5　BeautifulSoup4 爬虫案例

【例 12-6】　豆瓣新书爬虫示例。

(1) 请求数据：

```
import requests
```

```
import re
from bs4 import BeautifulSoup

url = 'http://book.douban.com'
headers={'User-Agent': "Mozilla/5.0 (Windows NT 10.0; Win64; x64) AppleWebKit/
537.36 (KHTML, like Gecko) Chrome/80.0.3987.132 Safari/537.36"}
r=requests.get(url, headers=headers,timeout = 30)
```

(2) 解析数据：

```
r.encoding = "utf-8"
text=r.text
soup=BeautifulSoup(text,'lxml')
```

(3) 根据标签提取数据。在网页源代码中，我们可以看到新书版块位于标签为 div，类 class 为 section books-express 的内容下。而新书的基本信息都可以从其下标签为 div，类 class 为 more-meta 下找到。

```
#定位新书版块位置，查找所有标签为 div，类 class 为 section books-express 的第一个内容
new_books = soup.find('div',{'class':'section books-express'})
#定位新书基本信息位置，查找所有标签为 div，类 class 为 more-meta 的内容，返回列表
new_books = new_books.find_all('div',class_='more-meta')
```

(4) 进一步提取，获取所需信息：

```
for new_book in new_books:
#获取标题，作者，出版年，出版单位信息
    title=new_book.find_all('h4',class_='title')[0].get_text()
    author=new_book.find_all('span',class_='author')[0].get_text()
    year=new_book.find_all('span',class_='year')[0].get_text()
    publisher=new_book.find_all('span',class_='publisher')[0].get_text()
    #利用正则表达式去除多余符号
    title = re.sub("\s", "", title)
    author = re.sub("\s","",author)
    author = re.sub(" ","",author)
    year = re.sub("\s", "",year)
    publisher = re.sub("\s", "",publisher)
#格式化输出
print("{1:{0}^10}{2:{0}^15}{3:{0}^15}{4:{0}^15}".format(chr(12288),title,autho
r,year,publisher))
```

在打印多组中文的时候，不是每组中文的字符串宽度都一样，当中文字符串宽度不够的时候，程序采用西文空格填充，中西文空格宽度不一样，就会导致输出文本不整齐，宽度不够时采用中文空格填充可以部分解决这个问题，中文空格的编码为 chr(12288)。

12.3.6　正则表达式介绍

正则表达式又称规则表达式(Regular Expression，在代码中常简写为 regex、regexp 或 RE)，是计算机科学的一个概念。正则表达式是对字符串(包括普通字符(如 a 到 z 之间的字母)和特殊字符(称为元字符))操作的一种逻辑公式，就是用事先定义好的一些特定字符及这些特定字符的组合，组成一个"规则字符串"，这个"规则字符串"用来表达对字符串的一种过滤逻辑。正则表达式是一种文本模式，该模式描述在搜索文本时要匹配的一个或多个字符串。

许多程序设计语言都支持利用正则表达式进行字符串操作。给定一个正则表达式和另一个字符串，我们可以达到如下的目的：

(1) 给定的字符串是否符合正则表达式的过滤逻辑(称作匹配)。

(2) 可以通过正则表达式，从字符串中获取我们想要的特定部分。

正则表达式的特点：

(1) 灵活性、逻辑性和功能性非常强。

(2) 可以迅速地用极简单的方式达到字符串的复杂控制。

Python 自 1.5 版本起增加了 re 模块，它提供了 Perl 风格的正则表达式模式。compile 函数根据一个模式字符串和可选的标志参数生成一个正则表达式对象。该对象拥有一系列方法用于正则表达式的匹配和替换。本章节主要介绍 Python 中常用的正则表达式处理函数。

1. re.match 函数 re.match(pattern, string, flags=0)

re.match 函数尝试从字符串的起始位置匹配一个模式，如果不是起始位置匹配成功的话，match()就返回 none，参数说明见表 12-7。

表 12-7　函数参数说明

参　　数	描　　述
pattern	匹配的正则表达式
string	要匹配的字符串
flags	标志位，用于控制正则表达式的匹配方式，如是否区分大小写，是否多行匹配等，参见正则表达式修饰符-可选标志

如果匹配成功，则 re.match 方法返回一个匹配的对象，否则返回 None。

我们可以使用 group(num)或 groups()匹配对象函数来获取匹配表达式。

函数说明见表 12-8。

表 12-8　函　数　说　明

参　　数	描　　述
group(num=0)	匹配整个表达式的字符串，group()可以一次输入多个组号，在这种情况下它将返回一个包含那些组所对应值的元组
groups()	返回一个包含所有小组字符串的元组，从 1 到所含的小组号

示例如下:

```
import re
print(re.match('www', 'www.baidu.com').group())   # 在起始位置匹配
print(re.match('com', 'www.baidu.com'))            # 不在起始位置匹配
```

运行结果如下:

www

None

示例如下:

```
import re
line = "I like cat and dog!"
matchObj = re.match( '.*like (.*) and (.*?)!', line, re.M|re.I)
if matchObj:
   print("matchObj.group() : ", matchObj.group())
   print("matchObj.group(1) : ", matchObj.group(1))
   print("matchObj.group(2) : ", matchObj.group(2))
else:
   print ("No match!!")
```

运行结果如下:

matchObj.group() :   I like cat and dog!

matchObj.group(1) :   cat

matchObj.group(2) :   dog

2. re.search 函数 re.search(pattern, string, flags=0)

re.search 函数扫描整个字符串并返回第一个成功匹配的对象。示例如下:

```
import re
print(re.search('www', 'www.baidu.com').span())   # 在起始位置匹配
print(re.search('com', 'www.baidu.com').span())   # 不在起始位置匹配
```

运行结果如下:

(0, 3)

(10, 13)

re.match 与 re.search 的区别: re.match 只匹配字符串的开始, 如果字符串开始不符合正则表达式, 则匹配失败, 函数返回 None; 而 re.search 匹配整个字符串, 直到找到一个匹配。

3. re.sub 函数 re.sub(pattern, repl, string, count=0, flags=0)

re.sub 函数用于替换字符串中的匹配项。参数描述见表 12-9。

表 12-9　函数参数说明

参　数	描　　述
pattern	匹配的正则表达式
repl	替换的字符串，也可为一个函数
string	要被查找替换的原始字符串
count	模式匹配后替换的最大次数，默认为 0 表示替换所有的匹配

示例如下：

```
import re
phone = "0571-88886666 # 这是一个电话号码"
 # 删除字符串中的 Python 注释
num = re.sub(r'#.*$', "", phone)
print("电话号码是: ", num)
 # 删除非数字(-)的字符串
num = re.sub(r'\D', "", phone)
print("电话号码是 : ", num)
```

运行结果如下：

电话号码是：0571-88886666

电话号码是：057188886666

4. re.findall 函数 findall(pattern, string, flags=0)

re.findall 函数用于在字符串中找到正则表达式所匹配的所有子串，并返回一个列表，如果没有找到匹配的字符串，则返回空列表。

示例如下：

```
import re
html ='''<div id = "songs-list">
    <h2 class="title">经典老歌</h2>
    <p class="introduction">
        经典老歌列表
    </p>
    <ul id="list" class="list-group">
        <li data-view="2">一路有你</li>
        <li data-view="7">
            <a href="/2.mp3"singer="任贤齐">沧海一声笑</a>
        </li>
        <li data-view="4" class="active">
            <a href="/3.mp3" singer="齐秦">往事随风</a>
        </li>
        <li data-view="6"><a href="/4.mp3" singer="beyond">光辉岁月</a></li>
```

```
        <li data-view="5"><a href="/5.mp3" singer="陈慧琳">记事本</a></li>
        <li data-view="5">
         <a href="/6.mp3" singer="邓丽君"><i class="fa fa-user"></i>但愿人长久</a>
        </li>
    </ul>
</div>'''

results=re.findall('<li.*?href="(.*?)".*?singer="(.*?)">(.*?)</a>',html,re.S)
print(results)
```

运行结果如下：

[('/2.mp3', '任贤齐', '沧海一声笑'), ('/3.mp3', '齐秦', '往事随风'), ('/4.mp3', 'beyond', '光辉岁月'), ('/5.mp3', '陈慧琳', '记事本'), ('/6.mp3', '邓丽君', '<i class="fa fa-user"></i>但愿人长久')]

5. re.compile 函数 re.compile(pattern[, flags])

re.compile 函数用于编译正则表达式，生成一个正则表达式(Pattern)对象。

其参数如下：

(1) pattern：一个字符串形式的正则表达式。

(2) flags：可选，表示匹配模式，比如忽略大小写，采用多行模式等。

示例如下：

```
import re
s='''kdhgdhgQQ13535,电话：134gd8489；dgdh
kdhgdhgQQ123535,电话：139dg859；dgdh
kdhgdhgQQ3355,电话：13484dh89359；dgdh
kdhgdhgQQ1353255,电话：1785dh659；dgdh
kdhgdhgQQ1335325,电话：1357dh5759；dgdh
'''
pattern =re.compile('QQ(.*?),.*?电话：(.*?)；dgdh')
results = re.findall(pattern,s)
print(results)
```

运行结果如下：

[('13535', '134gd8489'), ('123535', '139dg859'), ('3355', '13484dh89359'), ('1353255', '1785dh659'), ('1335325', '1357dh5759')]

该函数用于以下两种模式：

(1) 正则表达式修饰符-可选标志：正则表达式可以包含一些可选标志修饰符来控制匹配的模式。修饰符被指定为一个可选的标志，多个标志可以通过按位 OR(|)来指定，见表 12-10。

表 12-10 正则表达式修饰符-可选标志

修饰符	描 述
re.I	使匹配对大小写不敏感
re.L	做本地化识别(locale-aware)匹配
re.M	多行匹配,影响 ^ 和 $
re.S	使匹配包括换行在内的所有字符
re.U	根据 Unicode 字符集解析字符。这个标志影响\w、\W、\b、\B
re.X	该标志通过更灵活的格式将正则表达式写得更易于理解

(2) 正则表达式模式:模式字符串使用特殊的语法来表示一个正则表达式。由于正则表达式通常都包含反斜杠,所以最好使用原始字符串来表示它们。模式元素(如 r'\t'等价于'\\t')匹配相应的特殊字符。表 12-11 列出了正则表达式模式语法中的特殊元素。

表 12-11 正则表达式模式

模 式	描 述
^	匹配字符串的开头
$	匹配字符串的末尾
.	匹配任意字符,除了换行符,当 re.DOTALL 标记被指定时,可以匹配包括换行符在内的任意字符
[...]	用来表示一组字符单独列出,[amk]匹配 'a'、'm' 或' k'
[^...]	不在[]中的字符,[^abc]匹配除 a、b、c 之外的字符
re*	匹配 0 个或多个的表达式
re+	匹配 1 个或多个的表达式
re?	匹配 0 个或 1 个由前面的正则表达式定义的片段,非贪婪方式
re{ n}	精确匹配 n 个前面的表达式。例如,o{2}不能匹配 "Bob" 中的 "o",但是能匹配 "food" 中的两个 o
re{ n,}	匹配 n 个前面的表达式。例如,o{2,} 不能匹配 "Bob" 中的 "o",但能匹配 "foooood" 中的所有 o。"o{1,}" 等价于 "o+","o{0,}" 则等价于 "o*"
re{ n, m}	匹配 n 到 m 次由前面的正则表达式定义的片段,为贪婪方式
a| b	匹配 a 或 b
(re)	对正则表达式分组并记住匹配的文本
(?imx)	正则表达式包含三种可选标志:i、m 或 x。只影响括号中的区域
(?-imx)	正则表达式关闭 i、m 或 x 可选标志。只影响括号中的区域
(?: re)	类似于(...),但是不表示一个组
(?imx: re)	在括号中使用 i、m 或 x 可选标志
(?-imx: re)	在括号中不使用 i、m 或 x 可选标志
(?#...)	注释

续表

模　　式	描　　　述
(?= re)	前项肯定界定符。如果所含正则表达式以 ... 表示，则当前位置匹配成功，否则失败。所含表达式已经尝试，匹配引擎根本没有提高，模式的剩余部分还要尝试界定符的右边
(?! re)	前向否定界定符。与肯定界定符相反；当所含表达式不能在字符串当前位置匹配时成功
(?> re)	匹配的独立模式，省去回溯
\w	匹配字母数字及下画线
\W	匹配非字母数字及下画线
\s	匹配任意空白字符，等价于[\t\n\r\f]
\S	匹配任意非空字符
\d	匹配任意数字，等价于[0-9]
\D	匹配任意非数字
\A	匹配字符串开始
\Z	匹配字符串结束，如果是存在换行，只匹配到换行前的结束字符串
\z	匹配字符串结束
\G	匹配最后匹配完成的位置
\b	匹配一个单词边界，也就是指单词和空格间的位置。例如，'er\b' 可以匹配 "never" 中的 'er'，但不能匹配 "verb" 中的 'er'
\B	匹配非单词边界。'er\B' 能匹配 "verb" 中的 'er'，但不能匹配 "never" 中的 'er'
\n, \t, 等	匹配一个换行符，匹配一个制表符等
\1...\9	匹配第 n 个分组的内容
\10	如果它经匹配，匹配第 n 个分组的内容，否则指的是八进制字符码的表达式

12.3.7　正则表达式爬虫案例

【例 12-7】 豆瓣新书爬虫示例。

运行程序如下：

```
import requests
import re
url="https://book.douban.com/"
headers={'User-Agent': "Mozilla/5.0 (Windows NT 10.0; Win64; x64)
AppleWebKit/537.36 (KHTML, like Gecko) Chrome/80.0.3987.132 Safari/537.36"}
r=requests.get(url, headers=headers,timeout = 30)
```

```
r.encoding = "utf-8"
text=r.text
pattern
=re.compile('"more-meta">.*?class="title">(.*?)</h4>.*?="author">(.*?)</span>.
*?="year">(.*?)</span>.*?<span class="publisher">(.*?)</span>',re.S)
results = re.findall(pattern,text)


for result in results:
    title,author,year,publisher=result
    title = re.sub("\s", "", title)
    author = re.sub("\s","",author)
    author = re.sub(" ","",author)
    year = re.sub("\s", "",year)
    publisher = re.sub("\s", "",publisher)


print("{1:{0}^10}{2:{0}^15}{3:{0}^15}{4:{0}^15}".format(chr(12288),title,author,
year,publisher))
```

　　从中可以看到，与案例 11-7 采用 BeautifulSoup4 技术进行解析相比，采用正则表达式显得更简单和通用，它无需关注网页 html 的语法，仅需设计出合适的匹配表达式，便能将所需的数据提取出来。

12.4　综合案例——电影评论统计分析及可视化

12.4.1　爬虫电影数据并保存为 Excel 文件

　　运行程序如下：

```
import requests
import re
import pandas as pd


movie_title=[]
celebrity=[]
time=[]
area=[]
movie_type=[]
score=[]
evaluate_count=[]
```

```
header={'User-Agent': 'Mozilla/5.0 (Windows NT 6.1) AppleWebKit/537.36 (KHTML,
like Gecko) Chrome/86.0.4240.75 Safari/537.36'}
for i in range(10):
    url='https://movie.douban.com/top250?start='+str(i*25)
    r=requests.get(url, headers=header)
    r.status_code
    html=r.text

    pattern =re.compile(r'<div class="info">.*?class="title">(.*?)</span>.*? <p
class="">(.*?)<br>(.*?)/(.*?)/(.*?)</p>.*?property="v:average">(.*?)</span>.*?
<span>(.*?)人评价</span>',re.S)
    results = re.findall(pattern,html)

    for result in results:
        movie_title.append(result[0])

celebrity.append(result[1].replace('\n','').replace(' ','').replace('\xa0
','').replace(' ',''))#\xa0 表示不间断空白符

t=result[2].replace('\n','').replace(' ','').replace('\xa0','').replace('
','').replace('...','')
        time.append(re.findall(r"\d+\.?\d*",t)[0])#提取字符串中的数字

area.append(result[3].replace('\n','').replace(' ','').replace('\xa0','')
.replace(' ',''))

movie_type.append(result[4].replace('\n','').replace(' ','').replace('\xa
0','').replace(' ',''))
        score.append(result[5].replace('\n',''))
        evaluate_count.append(result[6].replace('\n',''))

#导出为 excel 文件
data=pd.DataFrame({'电影名':movie_title,'导演及主演':celebrity,'上映时间':time,'
地区':area,'电影类型':movie_type,'评分':score,'评论数':evaluate_count})
writer=pd.ExcelWriter('豆瓣 top250.xlsx')
data.to_excel(writer,'data')
writer.save()
```

12.4.2　导入及处理数据(在 Jupyter Notebook 上运行)

运行程序如下:

```python
import pandas as pd
#读取数据
data=pd.read_excel('豆瓣top250.xlsx',engine='openpyxl')
data=data.drop_duplicates()     #删除重复值
movie_title=data['电影名']     #获取电影名
celebrity=data['导演及主演']     #获取导演及主演信息
time=data['上映时间'].astype(int)     #获取上映时间
area=data['地区']     #获取上映地区
movie_type=data['电影类型']     #获取电影类型
score=data['评分'].astype(float)     #获取评分
evaluate_count=data['评论数'].astype(int)     #获取评论数
top=pd.DataFrame({'电影名':movie_title,'导演及主演':celebrity,'上映时间':time,'地
区':area,'电影类型':movie_type,'评分':score,'评论数':evaluate_count}) #重新汇总
数据
top.head()
```

显示结果如图 12-4 所示。

	电影名	导演及主演	上映时间	地区	电影类型	评分	评论数
0	肖申克的救赎	导演:弗兰克·德拉邦特FrankDarabont主演:蒂姆·罗宾斯TimRobbins/...	1994	美国	犯罪剧情	9.7	2441242
1	霸王别姬	导演:陈凯歌KaigeChen主演:张国荣LeslieCheung/张丰毅FengyiZha...	1993	中国大陆中国香港	剧情爱情同性	9.6	1815040
2	阿甘正传	导演:罗伯特·泽米吉斯RobertZemeckis主演:汤姆·汉克斯TomHanks/...	1994	美国	剧情爱情	9.5	1835561
3	这个杀手不太冷	导演:吕克·贝松LucBesson主演:让·雷诺JeanReno/娜塔莉·波特曼...	1994	法国美国	剧情动作犯罪	9.4	2001080
4	泰坦尼克号	导演:詹姆斯·卡梅隆JamesCameron主演:莱昂纳多·迪卡普里奥Leonardo...	1997	美国墨西哥澳大利亚加拿大	剧情爱情灾难	9.4	1797335

图 12-4　导入及处理数据

评论数与评分可视化分析:

```python
import matplotlib.pyplot as plt
plt.rcParams['font.family']='SimHei'# 用来设置字体样式以正常显示中文标签
x=top['评分'].values
y=top['评论数'].values
plt.scatter(x, y, marker='+',color='y')
plt.ylabel('评论数') #添加竖轴标签
plt.xlabel('评分') #添加横轴标签
plt.title('评论数&评分 散点图') #添加标题
plt.show()
```

显示结果如图 12-5 所示。

图 12-5 为热门电影评论数与评分的散点图,其中评分为 x 轴,评论数为 y 轴。从图

12-5 可以看出，豆瓣电影 top250 中的热门电影评分大部分集中在 8.7～8.9 分附近，评论数存在离群点，但整体数量不是很多。

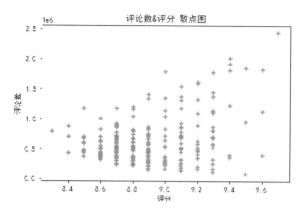

图 12-5　评论数与评分散点图

时间与评分可视化分析：

```python
import matplotlib.pyplot as plt
plt.rcParams['font.family']='SimHei'# 用来设置字体样式以正常显示中文标签
x=top['评分'].values
y=top['上映时间'].values
plt.scatter(x, y, marker='+',color='g')
plt.ylabel('上映时间') #添加竖轴标签
plt.xlabel('评分') #添加横轴标签
plt.title('上映时间&评分 散点图') #添加标题
plt.show()
```

显示结果如图 12-6 所示。

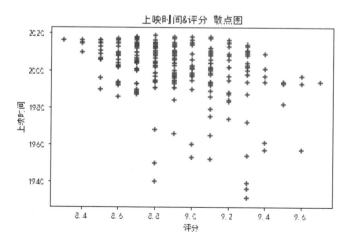

图 12-6　时间与评分散点图

由图 12-6 可知，散点较为密集的区域为 1982 年至 2020 年之间的评分。另外，存在少部分早些年的热门电影评分较高。说明在豆瓣 top250 收集到的 250 个热门电影的数据中，1980 年以后的电影评分大约在 9 分附近的可能性比较高，但是在高评分段，不管是在 1980 年以前，还是在 1980 年以后，分布都比较零散。

电影类型词云分析：

```
import jieba
from wordcloud import WordCloud
txt=''
for t in top['电影类型']:
    txt+=" ".join(jieba.lcut(t))+" "
wordcloud=WordCloud(font_path="msyh.ttf",background_color="white")
wordcloud=wordcloud.generate(txt)
wordcloud.to_file("top250.png")
```

显示结果如图 12-7 所示。

图 12-7　电影类型词云展示

由词云和词频得到，在 top250 中，剧情、爱情和喜剧类型电影较多，悬疑、动作、惊悚类电影较少，古装武侠、音乐、歌舞、纪录片极少。

本 章 小 结

本章先向读者介绍了中文分词 jieba 库的使用，再引入词云库的概念和使用，通过实例展示其在文字处理中的应用。接着介绍了网络爬虫的基本步骤和方法，具体介绍了 BeautifulSoup4 和正则表达式数据爬取方法，最后通过实例展示了网络爬虫在实际生活中的应用。

参 考 文 献

[1]　嵩天，礼欣，黄天羽. Python 语言程序设计基础[M]. 2 版. 北京：高等教育出版社，2017.

[2]　陈春晖，翁恺，季江民. Python 程序设计[M]. 浙江：浙江大学出版社，2019.

[3]　夏敏捷，宋宝卫. Python 基础入门[M]. 北京：清华大学出版社，2020.

[4]　董付国. Python 程序设计基础[M]. 3 版. 北京：清华大学出版社，2020.

[5]　张思民. Python 程序设计案例教程：从入门到机器学习[M]. 北京：清华大学出版社，2018.